一日一菓

木村宗慎

新潮社

はじめに

愛媛の田舎町で育った私にとって、和菓子といえば薄皮まんじゅうや大福、羊羹のことでした。美しい上生菓子は高嶺の花、本や雑誌で見るだけのもの。京都の旧家では、毎朝漆塗の通い箱で菓子の見本が届けられ、客のもてなしや家人の用向きに応じて御用聞きに注文し、配達を受ける――そうした慣習を知るほどに、憧憬の念を募らせていたのです。私が茶の湯に親しむようになるきっかけのひとつは、菓子でした。

菓子は器という衣装をまとい、時と所を得、もてなされるべき人と出会うことで真価を発揮します。口においしいということだけなら、素朴な豆大福のほうが茶席の菓子よりよほど上等であることを知る人も多いでしょう。ある菓子屋さんはいいました。「作りすぎぬよう」「菓子器に勝たぬよう」。のみならず、ときには「おいしくてはならぬ」ことすらあるようにも思います。

この『一日一菓』は、新潮社のウェブサイトで一年間、毎日連載したブログをまとめたものです。はじめるときに留意したのは、たんなる菓子の紹介、カタログにならないように、ということでした。もてなしの気持ちはどうすれば伝えられるのか、三六五日のあいだ、掲載する写真の一カットずつが、私にとって茶会でした。

左頁／亀末廣製「京の十二月（つき）」。木箱は有職彩色絵師・林美木子作（2、3頁も）

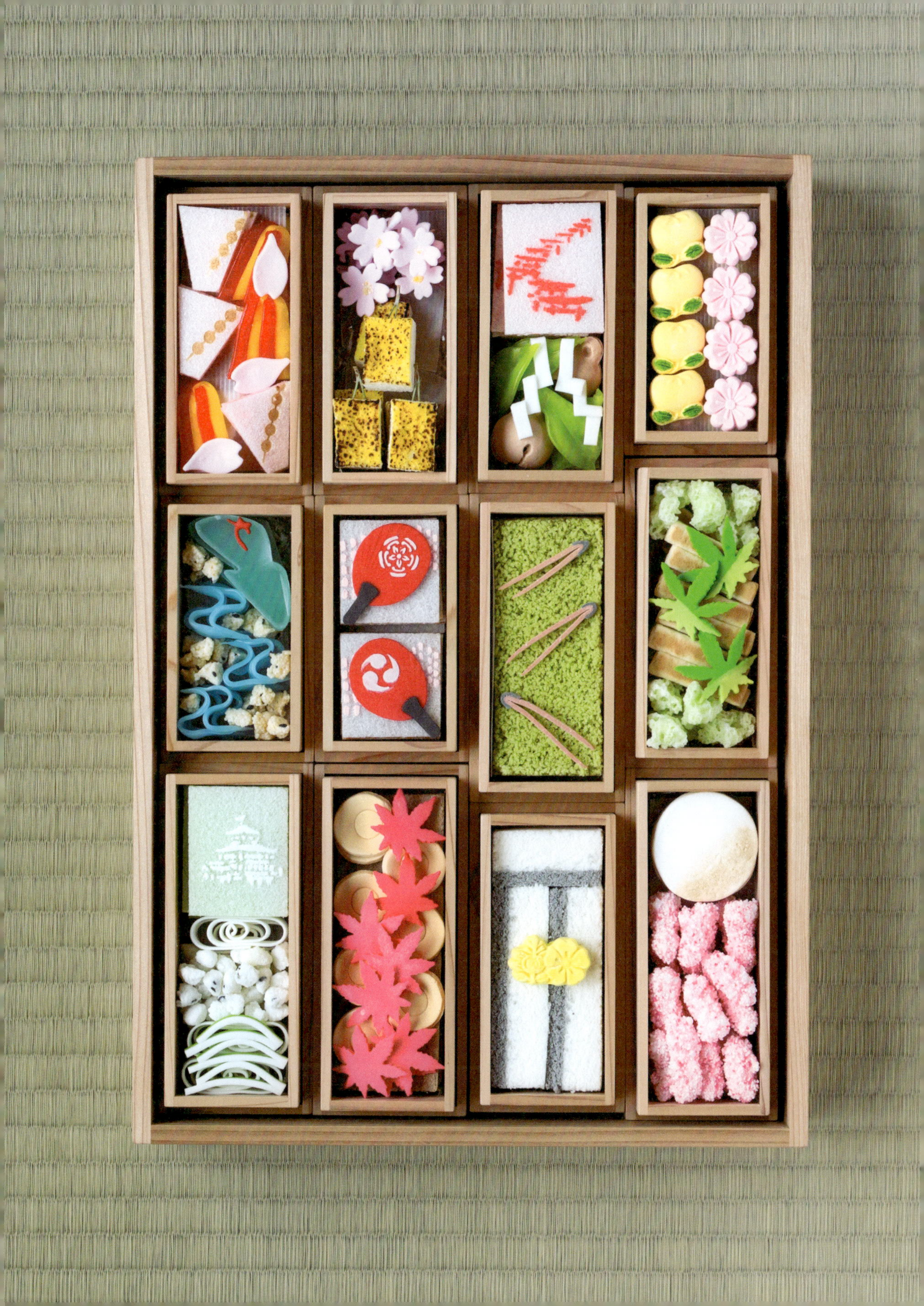

目次

和菓子の世界

本文中の年中行事や暦の日付は、基本的に初出時（新潮社とんぼの本ウェブサイト連載二〇一二年七月一日〜二〇一三年六月三〇日）のものです。年により変わるものもあります。

また菓子の日付および菓銘のいくつかは、店舗での販売時期、品名と一致しないものもあります。

一月

睦月《むつき》
太郎月《たろうづき》
初春月《はつはるづき》
開春《かいしゅん》
青陽《せいよう》
陽春《ようしゅん》

一月は、新年の大福茶と初釜。茶席以外でも、迎春菓としての和菓子を召し上がる機会が多い時期でしょう。宮中の行事食であった御菱葩《おんひしはなびら》が、最近では花びら餅として市民権を得ていますし、格の高い薯蕷《じょうよ》饅頭は欠かせません。餡が緑なら常磐、形を少し変えて笑顔、えくぼもあります。七草粥にちなんだ若菜も好まれるところ。干菓子は千代結や千歳などのめでたい銘に、紅白や松竹梅、歳寒三友など、月末まで祝儀意匠一色。新年は和歌の季節でもありますから、歌を思わせる銘も良いです。「新」「初」などの文字も好まれます。

行事

初詣　大福茶　初市　七草　初会　初釜　鏡開き　小正月
初雪

主菓子

赤福餅　旭餅　幾千代　幾春　祝の松　薄雪餅　梅ヶ香　裏梅
笑顔　えくぼ　翁餅　寒紅梅　香雪　このはな　珠光餅
水仙餅　玉椿　丹頂　勅題菓　千代の色　千代の数　千代の友
千代八千代　遠山餅　拾かへり　常磐木　常磐饅頭　捻梅
初音　花びら　花片餅　福寿草　松重　松の雪　未開紅
蓬ヶ島　万代　若菜

干菓子

薄氷　うろこ鶴　益寿糖　唐松　亀甲　亀甲鶴　君ヶ代
切り竹　黄金松葉　越の雪　寿せんべい　笹飴　残月　七宝
水仙　洲浜　立鶴　千歳　長生殿　長生不老　千代結　長熨斗
捻梅　羽子板　干柿　舞鶴　松葉　結熨斗　結松風　柳結
雪輪

一月一日

菓■鏡餅《かがみもち》｜手製
器■黒塗行事壇脇机　室町時代

元旦。真白き姿は瑞穂の国の象徴です。

一月二日

菓■初《はつ》なすび｜大松屋本家（鶴岡）
器■黒漆輪花皿　近藤道恵作　金森宗和好　平瀬家伝来　江戸時代

「めづらしや山をいで羽の初なすび」（松尾芭蕉）。初夢。茄子くらいには出会いたいもの。諸説ありますが、「一富士、二鷹、三なすび」の起源は、江戸時代までに歌舞伎の演目で流行った三大仇討ちにちなむ語呂合わせと言われています。芭蕉の頃から名高い地元産の小茄子（民田茄子）の砂糖漬けで、素朴なところもよい菓子です。似た菓子に「初夢漬」（匝瑳・鶴泉堂）があります。鶴岡という町は、酒井家の古き城下町。

一月三日

菓■玉林院珠光餅《ぎょくりんいんしゅこうもち》―手製

器■朱塗皆具　不審文字―常叟筆　今日庵伝来　江戸時代

大徳寺塔頭に伝わる、茶席の菓子の古い姿で、粟餅と山椒味噌の荒さと優しさが、禅家の風。素朴さから村田珠光を連想した名前でしょう。店ごと、家ごと、作り手ごとの思いとレシピで作ればよいという典型で、白味噌がかち気味のものもあれば、山椒の粒入りでぴり辛いものもあります。年賀廻りで、必ずこれを出してくださる塔頭があって、私にとっては雑煮以上に正月を感じる食べ物です。器は裏千家に伝来した皆朱の利休形皆具です。

一月四日

菓■長生殿生〆《ちょうせいでんなまじめ》―森八（金沢）
器■南天蒔絵硯蓋　吉右衛門作　前田家伝来　江戸時代

「長生殿裏春秋富」は和漢朗詠集の祝賀の一節。唐墨を模していて、「長生殿」は小堀遠州の字型と言われています。加賀前田家の献上菓子で、大名の茶を象徴する菓子です。「生〆」は乾燥させきっていない干菓子の類で、口当たりも柔らかく、できたての感じがご馳走です。「小墨」もありますが、大きい砂糖の塊という豪華さが大事ではないでしょうか。日本三大銘菓の一つ。硯箱の蓋は、加賀ではご馳走を盛り、八寸盆がわりに使います。

一月五日

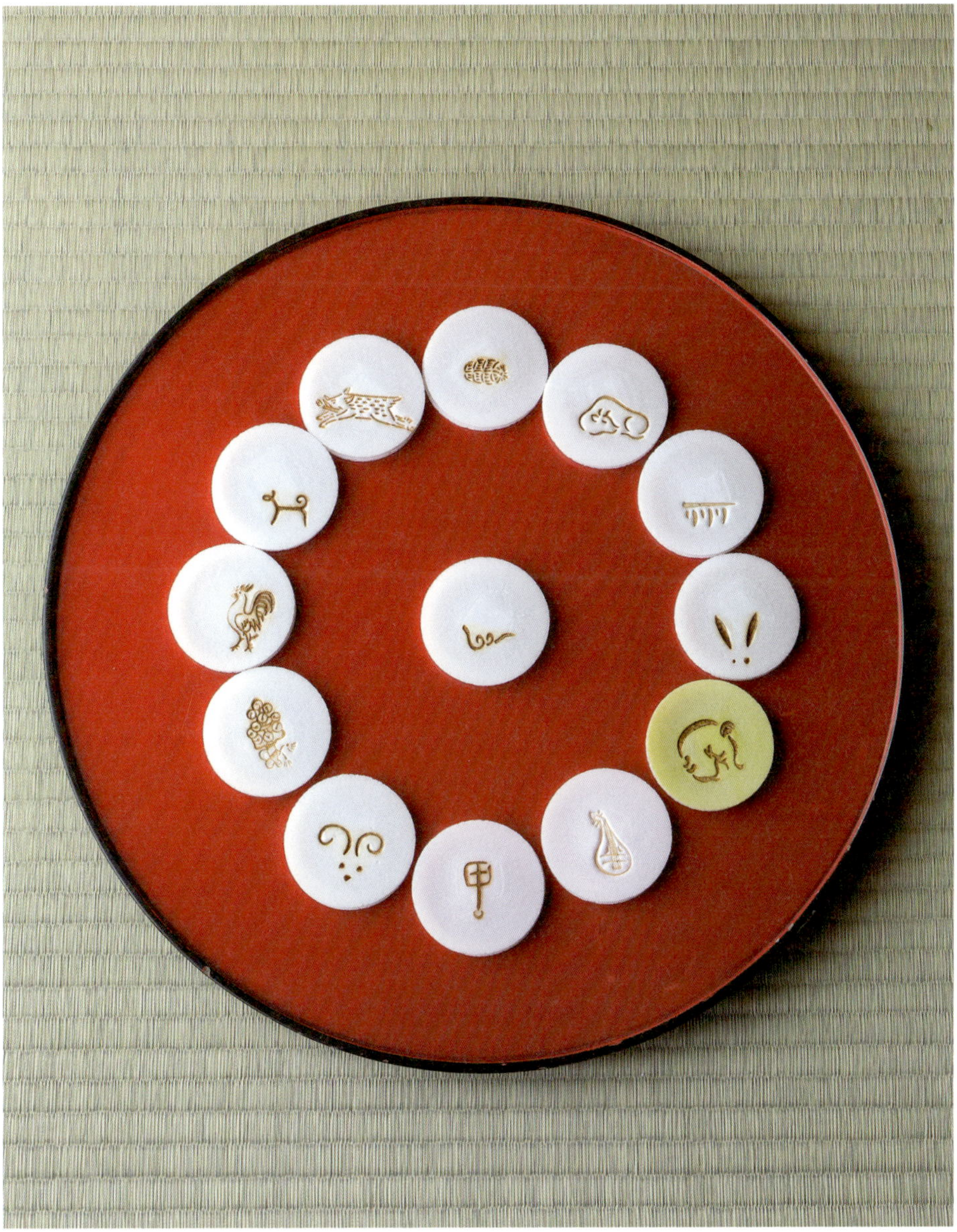

菓■干支《えと》煎餅《せんべい》―末富（京都四条烏丸）
器■東大寺二月堂練行衆盤写　日ノ丸盆　江戸時代

抽象化された焼き印は、和菓子にとって重要な表現技法。店ごとの意匠を競うところでもあります。日本人が愛する正月のモチーフ、干支の場合、動物そのものもあれば、間接的に表したものや物語を想わせるような表現も。末富では、子は俵、寅は縦縞、午は轡、申は「猿三番叟」の神楽鈴で表現しています。薄く焼いた煎餅で味噌餡を挟んだ菓子です。俗に「日ノ丸盆」とも言われる東大寺ゆかりの盆は、使い勝手の良さと古格から茶席に限らず好事家の好むところ。

一月六日

菓■笑顔上用《えがおじょうよ》―嘯月（京都紫野）
器■春日高坏　江戸時代

最も格が高い「腰高」の形に、紅を一点差すことで「笑顔」となるのが、典型的な名付けのスタイルです。芋を使うので「薯蕷」の字も当てますが、上つ方も好んで召し上がった菓子ですから、とくにご祝儀の席に用いられる笑顔の場合は「上用」がふさわしい気がします。とらやで修業したことを匂わせながらも、虎の字を使わず、「虎、月に嘯《うそぶ》く」という名の菓子屋です。

一月七日

菓■笑《え》くぼ上用《じょうよ》—嘯月（京都紫野）
器■根来塗隅切四方盆　室町時代

腰高饅頭をわずかにくぼませ、赤い点で「笑くぼ」に。赤く染めてもよいのですが、こなし製の赤い団子を上に置いてもらいました。同じ店でも、いろいろな方法があります。

一月八日

菓■きうひ《ぎゅうひ》昆布《こんぶ》―松前屋（京都丸太町）
器■唐物独楽盆　本願寺伝来　明時代

縁起をかつぐ昆布の最上の生菓子。京都で格のある進物といえば、これです。求肥のような口当たりと柔らかさ、甘味と酸味、何とも言えない奥深き味わいです。南北朝時代（一三九二年）から続く、京都最古の御用達の一軒。宮中のご祝儀ごとに昆布を納め続けてきた老舗です。

一月九日

菓■福徳《ふくとく》せんべい―諸江屋（金沢）

器■蒔絵遠山台　横山家伝来　江戸時代

童心に返る初春。砂金袋などをかたどった煎餅のなかには、金花糖の愛らしい土人形。この小さき、可愛らしきもので、昔の親子の情景が浮かんできます。これをありがたい、楽しいと思えていた時代の幸福も、あると思います。金沢の菓子には、デフォルメされた独特の形と色味、砂糖の甘味の「強さ」があり、北陸の湿った気候には、それが必要だったのだろうと思います。諸江屋は、とくに干菓子で名高い名店です。

一月一〇日

菓■常盤上用《ときわじょうよ》一嘯月（京都紫野）
器■了々斎好一閑張片木目食籠　明治時代

白い皮は雪、餡の色は松。初釜の席でよくお眼にかかります。表千家の初釜では、とらやのものが使われます。松の緑に雪をかぶった姿を意匠化したものです。流儀の型、家ごとに決められた菓子として有名なものの一つです。

一月一一日

菓■若松煎餅《わかまつせんべい》　千代結《ちよむす》び―亀屋伊織（京都二条）
器■了々斎好一閑張片木目食籠　明治時代

根引松に千代のちぎりを結ぶ。初釜の干菓子。三代将軍家光から「伊織」という名をもらった老舗。干菓子だけを作り続けて、極限まで削ぎ落とされ、抽象化された意匠とモチーフで、「干菓子とは何か」という問いに答えているような菓子屋です。干菓子というものは、印象に残るご馳走であってはならない。月ごとのご挨拶のように使っています。

一月一二日

菓■御菱葩《おんひしはなびら》（はなびらもち）―川端道喜（京都北山）
器■独楽塗盆　不見斎好　江戸時代

白の丸餅に、小豆汁で紅に染めた菱型の餅を重ねて、白味噌と牛蒡の蜜煮を入れた、宮中での雑煮の洗練された形です。白の丸餅が「陽」、紅い菱餅が「陰」、すなわち「男女」をも表します。もとは押鮎を入れたのが、ごく古い時代に牛蒡に変わったようです。お神酒、餅、味噌は、とても大事な正月の行事食。発酵食品に対して、自然界にない「神様の食べ物」という意識があったのではないでしょうか。幕末ごろに茶の菓子になりました。

一月一三日

菓■千代《ちよ》の糸《いと》―松華堂（半田）

器■七宝龍文兜鉢　明時代

中京地方でのきんとんは、「小田巻」という道具で糸状に出して巻いたものが多く、紅白のはんなりした佇まいで好きな祝儀菓子です。名古屋に限らず、愛知は森川如春庵のような数寄者や好事家に育てられた良い和菓子屋が多く、その一軒として名高い店です。唐物として珍重された明時代の七宝の鉢ですが、白と黄色がきれいであるというのが、昔から良いものの条件とされてきました。

一月一四日

菓■寿《ことぶき》せんべい　松葉《まつば》｜諸江屋（金沢）
器■大内桐蒔絵小盞盆　描金堂米田孫六作　明治時代

成人の日。めでたい門出に。加賀前田家の祝儀にちなむ、有名な煎餅です。秀忠、家光公が御成りになったときに供されたという話も聞いています。蜜を塗って作った原色が、めでたく、金沢らしい色目だと思います。近代を代表する加賀蒔絵の名工、米田孫六の盆と。

一月一五日

菓■干支《えと》絵馬《えま》煎餅《せんべい》―二條若狭屋（京都二条）
器■朱金盆　三代西村圭功作　現代

小正月。正月気分も薄れる頃。絵馬も正月には欠かせないモチーフです。干支の焼き印を押した絵馬の形で、焼いて焦げた色も絵馬そのもの。甘いばかりが菓子ではないので、ときにはこういう味噌風味の焼き菓子も口触りの良いものではないでしょうか。結び昆布の紐の形も可愛らしいです。

一月一六日

菓■春《はる》の出《い》で立《た》ち―とらや（京都一条）

器■呉須赤絵福字皿　細川護立旧蔵　明時代

宮中歌会始（一月中旬）。毎年の歌題は茶席の趣向にも取り上げられ、菓子屋ごとに工夫したお題菓子も、その年の楽しみです。二〇一三（平成二五）年の勅題の「立」に合わせて、モリ「タツ」さん旧蔵の器にしました。

一月一七日

菓■花氷《はなごおり》　松葉《まつば》―とし田（東京両国）
器■彫漆橙文香盆　二〇代堆朱楊成作　昭和時代

寒中、紅白の花が氷をまとう美しさ。「琥珀」とも呼ばれる寒天を干した菓子は、夏場に使われることが多いのですが、紅白の花――おそらく梅が凍ったという銘で、冬のご馳走にもなる。このような平仄を合わせた入れ替えも、茶の湯ならではの楽しみではないでしょうか。江戸・両国のとし田の名物です。松葉は洲浜製。

一月一八日

菓■花七宝《はなしっぽう》―末富（京都四条烏丸）
器■七宝七宝文皿　明時代

七宝とはもとは仏道の七種の宝。七宝文様は輪のつらなりを愛でる繁栄のしるしです。京都らしい、典型的なこなし製の菓子です。

一月一九日

菓■つるの子《こ》―西岡菓子舗（松山）
器■色絵呉須赤絵写鉢　永楽保全作　江戸時代

故郷伊予の菓子。柔らかな口当たりは吉祥の味わい。カスタード状の黄身餡で、周りはふわふわの淡雪です。博多の石村萬盛堂など、九州各地に「鶴乃子」という菓子があり、それぞれ美味しいけれど、私にとっての「つるの子」はこれ。以前、お世話になった松山の数寄者の方が、頭の部分に小さく紅で三角を染め、「丹頂」という銘にしていました。

一月二〇日

菓■柚子《ゆず》薯蕷《じょうよ》―鍵甚良房（京都祇園四条）
器■青呉須龍文鉢　四代須田菁華作　現代

大寒。まだまだ柚子の香の恋しい寒さ。芋のふかふかした皮の中に柚子皮が入れられていて、いかにも冬のご馳走という体です。柚子の香というのも、冬場には和菓子を演出する大事なツールです。鍵甚良房は、建仁寺の西門前にある和菓子屋です。地味ながらも行き届いた菓子づくりで定評のある一軒です。

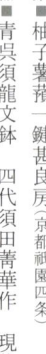

一月二一日

菓■舞鶴《まいづる》 森八（金沢）
器■瑞雲群梨地丸盆 川合漆仙作 明治時代

シンプルな形で表された、羽をひろげて空を舞う鶴。口に含んでカッと噛んだ瞬間に、生姜風味がぱっと広がる砂糖菓子で、口溶けのよさ、噛んだときの驚きも含め、めでたいよい菓子だと思います。砂糖だけではなく、味噌の甘さ、生姜の辛さも、古来大切な菓子の味わい。生姜の辛さは甘さにも通じるので、好まれた素材の一つです。

一月二二日

菓■松《まつ》の雪《ゆき》ー末富（京都四条烏丸）
器■天正菊桐蒔絵蓋　縁高　樂慶入補作　湯浅七左衛門旧蔵　江戸時代

「松に雪」はめでたさの意匠。厳しい風雪に耐えてこそ。こなしを茶巾でざっくりと絞り、松をかたどっています。

一月二三日

菓■松葉《まつば》昆布《こぶ》　霜《しも》ふり昆布《こぶ》―松前屋（京都丸太町）
器■根引松蒔絵六角菓子器　土佐光孚画　初代長野横笛作　江戸時代

塩味のなかの甘さ。しっとりした昆布とカリカリの砂糖の口当たり。古風な格と親しみと。器に蓋がついていたり、高さがあったりというのは格を示します。干菓子でも生菓子でも、格調を重んじる茶会には、高さのある菓子器が良いと思います。

一月二四日

菓■福寿草《ふくじゅそう》｜吉はし（金沢）
器■天龍寺青磁端反鉢　明時代

「花をのみ待つらむ人に山里の雪間の草の春を見せばや」（藤原家隆）。冬場の北陸を代表する菓子の意匠。餡を包み込む「麩の焼き」の味噌の辛さ、味の強さも、遅い春を思わせる福寿草という銘も、やはり北陸の菓子の趣。菓子についてきた氷餅を、お出しするときに、霜を模してかけています。

一月二五日

菓■福梅《ふくうめ》―柴舟小出（金沢）
器■梅鉢蒔絵桶　前田家伝来　江戸時代

前田家の紋「梅鉢」をかたどった最中で、北陸の迎春菓の代表。正月に冬寒いところから取り寄せた菓子というのも、もてなす思いが通いやすく、良いのではないでしょうか。即興でこのように盛りましたが、金沢の和菓子屋の正月のポスターでも、高坏にこのように盛られていました。菓子の盛り方というのも、あれこれ工夫ができそうでいて、誰もが思う理にかなった方法があるということです。

一月二六日

菓■雪餅《ゆきもち》　嘯月（京都紫野）
器■織部好八角縁高　一一代中村宗哲作　昭和時代

純白が美しい山芋のきんとん。なかはねっとりとした黄身餡です。このぐらいコクのある強い餡でないとバランスが取れないかもしれません。冬のご馳走で、きんとんなのに餅という銘も面白い。とらやが出自の店ですが、とらやよりもきんとんの線が細いのが店の風《ふう》です。以前、これをピンクに染め、黄身餡を緑に色づけした「羽衣」という銘で作ってもらいました。

一月二七日

菓■日《ひ》の出前《でまえ》―三英堂（松江）
器■溜塗食籠　一一代中村宗哲作　昭和時代

極寒の海で見る日の出は神々しいものです。薄暗い餡の海のなか、一粒の小豆が太陽の影ということでしょう。松江独特の「しののめづくり」という製法で、皮をむいた餡に小豆が浮いているという非常に凝った作りの蒸し菓子。松江も菓子どころです。茶の湯とは別に、民藝運動が盛んだった街で、この菓子の名付け親は河井寛次郎です。

一月二八日

菓■勾玉《まがたま》―吉はし（金沢）
器■高麗青磁雲鶴文鉢　高麗時代

勾玉には女性美を思います。太極図とも言われる、陰陽を表すモチーフ。純粋に和様化された菓子もあれば、煎茶の席に合うような、派手やかな中国趣味の菓子もあり、それぞれの国の風というものがあります。古くからの菓子で、いかにも朝鮮・中国風なので、そういう器と取り合わせました。

一月二九日

菓■黄《き》味《み》小《こ》判《ばん》―松月堂喜三兵衛（小千谷）
器■高台寺蒔絵乱箱　桃山時代

黄金色の贅沢。砂糖、卵黄、葛粉を練った生地を小判形にして乾燥させてから焼いたもので、さくり、しっとりとした口当たりです。豪雪地帯の古い菓子屋の銘菓です。小判のめでたさから新年に。

一月三〇日

菓■富士《ふじ》のこけもも―藤太郎（富士宮）
器■七宝雲鶴文端反鉢　錦雲軒稲葉作　昭和時代

富士の高嶺に降る雪。山部赤人か後鳥羽院か。富士山で採れるコケモモを砂糖漬けにして、白餡と炊き上げ、落雁生地で包んで押して仕上げた菓子。和菓子には霊峰富士の意匠も多くありますが、こちらは土地の名物を用いて富士の山を思わせている。地方の特産品や名物を生かした菓子も楽しいものです。

一月三一日

菓■鶏卵《けいらん》素麺《そうめん》─松屋（博多）
器■染付阿蘭陀写角向付　尾形乾山作　江戸時代

黄という色は、それだけで贅沢。さらに砂糖と卵という、江戸時代の二大贅沢品をふんだんに使う驚異的贅沢品です。どろどろに沸騰した糖蜜の鍋に、卵の黄身と少しの粉を混ぜたものを押し出すと、瞬時に茹でられて、油で揚げたようにスカスカになったところに糖蜜が入り込んで固まります。黒田藩のお留め菓子。九州諸藩は、南蛮交易でもたらされたエキゾチックな菓子が多いです。

二月

如月《きさらぎ》

梅見月《うめみづき》

初花月《はつはなづき》

雪消月《ゆきげづき》

麗月《れいげつ》

令月《れいげつ》

夾鐘《きょうしょう》

二月は梅と鶯に彩られます。鶯餅は二月の名物ですし、「未開紅」も「此の花」も梅の花のこと。梅は「百花の先駆け」として好まれ、漢籍詩文にもよく出てくるので、梅の意匠や銘は種類も豊富です。月ヶ瀬は梅の名所。さらに、梅と言えば天神様で、京都・北野天満宮では二五日に梅花祭が。菅公こと菅原道真が大切にした牛にちなんだ菓子も作られます。掛詞のように、梅、天神、牛……と連想していくのは、和菓子の手法として典型的なところです。冬の厳しさもここまで。雪の名残りを感じさせる銘も使われます。立春、節分にちなんで、おたふくや鬼なども好まれます。

行事

節分　初午　観梅　早春　残雪

主菓子

稲荷餅　鶯の宿　鶯餅　梅か香　梅重　梅衣　梅の雪　寒紅梅
寒牡丹　紅梅　児梅　此の花　さざれ石　残雪　下萌　砂金袋
誰が里　千代の梅　千代の玉草　月ヶ瀬　椿餅　鳥柴　撫牛
難波津　捻梅　花の香　春の色　春の野　星の梅　ほら貝餅
未開紅　厄払　山里　雪解　雪の梅　立春

干菓子

薄氷　梅　お多福　唐松　如月　狐面　光琳梅　笹　さざれ石
山椒切り　水仙　雪花　雪花糖　千代結　常磐糖　常磐の梅
捻梅　春の色　平梅　福は内　枡　松葉　窓の梅　豆　厄払
雪　雪輪　わらび

二月一日

菓■百寿幸《ひゃくじゅこう》─行松旭松堂（小松）
器■青磁雲鶴文端反鉢　御殿山　原家伝来　李朝時代

百も寿も幸もめでたい響き。米を膨らませたポン菓子のようなものの周りに、紅白に染め分けた砂糖の衣をつけたもの。祝儀のときに使い、米がぷつぷつとつながった形が、北陸の街の素朴なイメージとあいまって、好きな菓子です。小松前田家の城下町として昔から茶人や数寄者が輩出し、菓子屋も多い土地。なかでも信頼が厚い店です。

二月二日

菓■霜《しも》ばしら―九重本舗玉澤（仙台）
器■生肌塗銘々皿　三代西村圭功作　現代

節分を控え、寒さの増すころ。仙台も古くからの茶どころです。細く鋭い飴細工の糸でできていて、口に含んだ瞬間にしゃりしゃりと、まるで霜柱を踏む感触を口中で味わうような、冬の菓子の名作の一つ。

二月三日

菓■法螺《ほら》貝餅《がいもち》―柏屋光貞（京都東山安井）
器■根来塗高坏　江戸時代

節分。修験道の総本山・聖護院の山伏にちなむ、この日だけの菓子。祇園祭の日に出す行者餅（七月一六日）も、味噌餡に麩の焼きの生地です。同じ麩の焼きでも、こちらは牛蒡を芯にして、白味噌餡で法螺貝の形にする。素材と色形が一緒でも、時候と名前が変われば、その時しか使えない菓子になるのが面白い。その日その場限りということが、ご馳走だったりします。

二月四日

菓■若菜《わかな》薯蕷《じょうよ》—花乃舎（桑名）

器■松鶴宝尽文段重　永楽即全・二代鈴木表朔合作　昭和時代

立春。いまだ寒さ厳しい折に、立つ春のめでたさ。薯蕷皮に若菜を練り込んでいて、なかの餡が白小豆を紅く染めた紅餡というのも嬉しい菓子です。きっちり腰高に作られていないのも、味わい深い。新春にも好適。桑名も歴史のある城下町で、花乃舎は、詩情のある菓子を作ることでも名高い名店です。

二月五日

菓■をさの音《おと》｜美鈴（鎌倉）
器■高取瓢形向付　江戸時代

「をさ」とは機織りの道具、糸巻きのこと。牛蒡芯に餡を糸巻き形につけて、砂糖をまぶしています。もちろん「をさ」自体に雪が降るわけはないけれど、二月の雪深い時期に女性が屋内で精を出した機織りの音を思わせ、砂糖が粉をふいたさまは、霜が降りたようでもある。形、名前が直球ではないところが、良い菓子です。鶴岡八幡宮近くにある美鈴は、時候柄や文学趣味あふれた豊かな月替わりの菓子を作ることで有名な菓子屋です。

二月六日

菓■ささめゆき｜松琴堂（下関）
器■青漆菓子盆　赤地友哉作　昭和時代

この店の名物「阿わ雪」（一二月一八日）を乾燥させた干菓子ですが、凍ったようにも見えます。器の作者の赤地《あかじ》友哉《ゆうさい》は、江戸の塗師・渡辺喜三郎の流れを汲み、髹漆《きゅうしつ》で人間国宝に指定された昭和の名工です。

二月七日

菓■黒糖《こくとう》くるみ―游美（京都祇園）
器■堅手平皿　李朝時代

山家の侘び。料理屋が作る菓子には、菓子屋が作る菓子とはまた別の楽しみがあります。山で採れた胡桃を黒糖の衣で包んだざっくりした菓子ですが、素人と玄人との間にたつような、危うきに遊ぶ感じが、料理屋の菓子の面白いところです。

二月八日

菓■福宝《ふくだから》—京華堂利保（京都二条川端）
器■緑釉桝　樂弘入作—松の字桝　永楽和全作　明治時代

「春夏　冬《アキナイ》」イッショウハンジョウ。黄色はきな粉、青は青海苔。それを豆にまぶしただけではなくて、その下にしっとりとした洲浜地がつけてある。豆菓子一つにかける細かな手仕事。派手さを誇らぬ名店の、積み上げられた入念で確かな技術が光ります。

二月九日

菓■狐面《きつねめん》　ねじり棒《ぼう》―亀屋伊織（京都二条）
器■根来塗隅切折敷　室町時代

初午。赤い鳥居にキツネ目は、少し怖ろしい。京都のお年寄りは狐面を「きつねめ」と読むのが、この菓子の「目」の感じに通じている気がします。お稲荷さんの門前で売っている狐面の形の煎餅や、狂言や子どもの玩具の狐面を模している。稲荷信仰は、インドからきた茶枳尼天《だきにてん》と、伏見稲荷の神様、宇迦之御《うかのみ》魂《たま》が習合してできています。それで、ちょっと怖いのかもしれません。ねじり棒は神社で鳴らす鈴についている鈴緒です。

二月一〇日

菓■蓮実《はすみ》砂《さ》糖漬《とうづけ》―中国土産
器■枯蓮漆張　三代西村圭功作　現代

旧正月。新年は冥土の旅の一里塚ですが、死はまた新たなるものを孕んでいます。

二月一一日

菓■若竹《わかたけ》―越後屋若狭（東京本所）
器■御菩薩焼若松文隅切四方皿　江戸時代

「歳寒三友」といえば松竹梅。すべて集めると不粋かもしれません。練切製の菓子です。

二月一二日

菓■福桝薯蕷《ふくますじょうよ》｜末富（京都四条烏丸）
器■万暦赤絵写龍文桝鉢　初代三浦竹泉作　明治時代

稲荷の語源は「稲生《いねなり》」から。稲荷大社のご神紋は、稲、稲穂です。その米をすくい量る「升」は、富と豊かさの象徴として庶民にも親しまれた吉祥文です。

二月一三日

菓■梅《うめ》　鶯《うぐいす》―亀廣保（京都烏丸御池）
器■唐物真塗輪花盆　清時代初期

「暗香浮動月黄昏」。梅の詩といえば北宋の林和靖。干菓子の美味しさというのは、味がどうこうというより、目で見て楽しいということを含んだ美味しさです。亀末廣から暖簾分けした京都の老舗ですが、ここも干菓子しか作っていません。京都の街の大切な価値観の一つ「ちんまりとしたかわいらしさ」というものを物語る造形で名高い菓子屋です。

二月一四日

菓■未《み》開《かい》紅《こう》―愛信堂（京都西陣）
器■黄瀬戸銅鑼鉢　加藤唐九郎作　昭和時代

可憐さ、あどけなさは、やがて失えばこその花。どの菓子屋でも、「未だ開かざる紅」というこの銘は、この形、デザインになります。四角い練切を折り畳んで、一粒しべを載せただけで、今から開こうとする梅の蕾を表現しています。

二月一五日

菓■錦梅《にしきうめ》―越後屋若狭（東京本所）

器■唐物真塗梅花形盆　平瀬家伝来　清時代初期

江戸に咲く粋。本所の堀切の一つ目の橋のたもとにあった、通称「一つ目」で通じる菓子屋です。名前のつけ方も味もあっさり甘すぎず、単純化していくデザインが、京都の菓子屋と違います。江戸の菓子の特徴は、切付けの角の鋭さ。京都が京友禅なら、江戸の唐桟のような菓子です。江戸小紋の裃の糊の利いた感じと、それでいて染め物であるという柔らかさが、江戸の上質。粋やいなせな風情がよく表現された菓子屋です。

二月一六日

菓■春日乃豆《かすがのまめ》—植村義次（京都丸太町）
器■朝鮮桝　李朝時代

豆のかたさは、実りの豊かさを秘めています。大豆を煎った洲浜粉を砂糖で練って作る「洲浜」は、御所にも納められた由緒正しい菓子の一つなのですが、その洲浜と押し物だけを作り続けてきた、京都の老舗の格好良さが横溢している一軒です。春日乃豆は洲浜と同じ材料で、指の先分だけちぎったような豆菓子です。

二月一七日

菓■鶯餅《うぐいすもち》—甘泉堂（京都祇園）
器■梅花文食籠　六代大樋長左衛門作　江戸時代

ただの餅菓子でも、両端をぴっとつまんで、鶯粉をまぶせば鶯になる。古くは堀内家の鶴叟の好みで、粒餡を羽二重餅で包んで、外側から青海苔粉をまぶしたものでした。色だけで鶯を表したのがオリジナルデザインです。ある茶人が好んで名高くなった菓子を、ほかの店がそのままの形で真似るのを避けるのも、奥ゆかしい習慣だと思います。甘泉堂は祇園らしい路地奥にたたずむ名店で、場所柄、夜遅くまで開いています。

二月一八日

菓■雪中梅《せっちゅうばい》―岬屋（東京富ヶ谷）
器■黄瀬戸銅鑼鉢　桃山時代

雨水。氷雪解け、雨水温む。指できゅっと押さえただけで梅を形作り、上からぱらぱら散らした白雪糕が、降り積もった雪の風情。切ったときに見える黄色い栗羊羹が、梅の花の黄色いしべを思わせる、素敵な菓子です。川端道喜の流れを汲む、東京を代表する上生菓子を作る店です。

二月一九日

菓■きさらぎ｜菊寿堂義信（大阪）
器■膳所焼縁高　江戸時代

如月という月名は、寒さに衣をかさねることから。粒餡の周りに、黄色いカステラのような粉をまぶして作った菓子です。黒い粒餡が下から透けて見えるざらめいた感じが、二月の土の厳しさを思わせつつ、土のなかから福寿草などが芽生える春も予感させます。日本を代表する商都であり、多くの富や文化が集められてきた大阪の嗜好品、贅沢品としての菓子を作ってきた老舗です。

二月二〇日

菓■丸柚餅子《まるゆべし》―中浦屋（輪島）
器■千筋菓子皿　赤木明登作　現代

古くとも新味を失わず、新しくとも古格をそなえ。柚餅子は全国にある保存食。中身をくりぬいた柚子に味つけした餅だねを詰めて蒸し上げて、さらに熟成させるという、貧しき日の本の国の庶民の贅沢。柳宗悦が『手仕事の日本』で「『ゆべし』と名附くるものは各地にありますが、ここのは日本一の折紙をつけてよいと思います。柚《ゆず》の中に餅を入れて作ります」と手放しで褒めています。器の作り手と、輪島の土地へ敬意を表して。

二月二一日

菓■高砂饅頭《たかさごまんじゅう》｜本家玉壽軒（京都西陣）
器■大徳寺縁高　九代中村宗哲作　明治時代

あたたかく、ほのかな麹の香。京都を代表する酒饅頭です。寒くなって、自然に麹をふくらませることができる季節にならないと作られない、冬場の菓子。一一月の大徳寺の開山忌に必ず供されることでも有名な菓子なので、大徳寺縁高に入れました。

二月二二日

菓■八房《やぶさ》の梅《うめ》―朝霧堂（明石）
器■飛鉄砂碗　浅川伯教旧蔵　李朝時代

二月は梅づくしです。明石の月照寺に、赤穂浪士の間瀬久太夫が植えたと言われる梅があり、一つの花から八つの実がなる「八房の梅」として有名になりました。この名木にちなんで、梅肉を混ぜた薄紅色の求肥で梅の実の形を模した、明石名物として有名な菓子です。ちぎっただけという手をかけすぎない作り方ですが、口に含むと梅が仄かに香ります。

二月二三日

菓■ときわ木《ぎ》—かぎや政秋（京都百万遍）
器■利休形松ノ木盆　四代中村宗哲作　江戸時代

ときわ木の名は巌のような幹にこそ。松の幹を模して、粒餡を焼いて作る菓子です。京大の近く、百万遍の老舗です。

二月二四日

菓■この花《はな》きんとん―聚洸（京都鞍馬口）
器■織部写梅花文亀甲形向付　尾形乾山作　江戸時代

「木の花」とは枯木に咲く梅のこと。「三冬枯木花」の禅語も。紅白のそぼろを乱れ散らしたきんとんは梅を指して、「このはなきんとん」と言い、雪に乱れ咲く風情でもあります。これが、紅白できっちり分けてあったら、「相生きんとん」です。聚洸の主人は、京都・塩芳軒の生まれで、名古屋の芳光で修業を重ね、古くて新しい仕事ができる人として嘱望される職人です。

二月二五日

菓■梅花五題《ばいかごだい》—末富（京都四条烏丸）
器■古清水輪花梅花文向付　江戸時代

北野御忌（梅花祭）。晋の武帝の逸話から、梅には「好文木」の異称も。（左下より時計回り）こなし製の光琳梅、薯蕷饅頭、黄色いしべで具体的に表現したこなし製、求肥餅製、小豆を載せたきんとん。一つの花をモチーフにしても、たくさんの意匠、製法があります。それを菓子屋と相談して、その日その場に適うよう選び取るのが、和菓子、茶の湯の世界では大切な作業です。茶の湯とはすなわち、選び、決め、編集すること。

二月二六日

菓■乃《の》し梅《うめ》―佐藤屋（山形）
器■祥瑞輪花皿　明時代末期

かたちも味も古くから伝わるもの。梅は身近な樹木でもありました。もとは気付け薬としての製法がこの地に持ち込まれ、明治初期頃に菓子になりました。菓子としてだけでなく、茶懐石の八寸としたり、酒粕で挟んで焼いて、酒のアテの一品にもなるという、色々な人に色々な使い方を考えられてきた、歴史のある寒天菓子です。

二月二七日

菓■豆《まめ》らくがん｜紅屋（敦賀）
器■唐物四方盆　明時代末期

甲子。大黒天の祭日です。「糟糠の妻は堂より下さず」の趣き。大豆を使った野趣あふれる、お多福の形の落雁で、「福和内」という別名もあります。敦賀という街は、昔から昆布や大豆などを集積する港町として有名でした。こちらの店も、もとは昆布問屋です。

二月二八日

菓■寒菊《かんぎく》―岩永梅寿軒（長崎）
器■唐物籠地八角盆　明時代

利休の命日（旧暦）。「風露新たに香る隠逸の花」という、利休を評するのに使われた禅語があり、「隠逸の花」とは菊のこと。寒々とした日の枯れた菊の風情が利休を思わせる気がして、この日に選びました。ラスクのような、さっくり固い歯触りの、白くコーティングされた生姜風味の砂糖菓子。明からの渡来菓子ですが、南蛮菓子のような風情もあり、それでいて古風な銘、和洋中にわたる感じが、長崎という街そのもの。旧市街の老舗です。

和菓子の世界 一

和菓子とは何か

菓子の原型――果物と餅

そもそも菓子とは果物のことでした。記紀に登場する田道間守《たじまもり》という人は、垂仁天皇に命じられ、不老長寿の効用がある非時香菓《ときじくのかくのこのみ》を常世の国まで探しにいきました。非時香菓とは柑子・橘のことですが、たまさか実る甘くて美味しいものだから珍重されたのでしょう。今でも和菓子屋の組合や菓子の象徴として橘紋が使われます。田道間守は菓祖と呼ばれ、京都の吉田神社など全国の菓祖神社に祀られ、多くの菓子屋が参拝しています。

もう一つのルーツは餅です。餅は、古くは『養老令』（七一八年）での記述があり、今にいたるまで、日本人のハレの日に欠かせない食べ物です。お神酒と同じく自然界にそのまま存在することのない食べ物ですから、神様のものという意識ができあがったのではないでしょうか。貴重な米をつぎこんではじめて手に入るのは、酒も餅も同じです。一説には、平安時代頃から、花びら餅の原型である御菱葩、粽や亥の子餅など、年中行事に使われる餅が作られはじめます。

餅と同じ神様の食べ物、神饌《しんせん》の一種に、揚げパンのような「餢飳《ぶと》」があります。中国から伝来した唐菓子が元だと言われ、現在も春日大社で作られます。それまでの果物や餅のような簡単な加工物から、手をかけて調理するようになったのは、唐菓子の影響もあるでしょう。禅宗を経由しての影響もあります。「空心に小食を点ずる」という意味の間食「点心」が日本にもたらされて、中国で饅頭に使われていた肉餡が豆製の餡に変わったのも、菓子の原型と言われます。「茶の湯の影響」［二一七頁］でも述べますが、利休の頃の茶会では、干し柿や栗、麩の焼きなどが使われていました。砂糖の甘味はまだ少なく、甘葛《あまずら》などを使っていました。

菓子の大転換期

菓子の概念が大きく変化してデザイン要素が加わり、現在食べられている和菓子の多くができたのは、江戸時代中期以降です。菓子が砂糖を使った甘いものになったのは、南蛮菓子の影響もあったでしょう。薩摩藩からの黒砂糖がコンスタントに供給されるようになったのが一八世紀初め頃、讃岐の和三盆糖が広く流通するようになったのが一八世紀末ぐらいのことです。それよりも少し前、茶の湯の広がりとともに、製菓技術も発達し、元禄期には菓子屋がお得意様に見せる「菓子見本帖」が作られ、凝った菓銘もつけられるようになります。男性が知っておくべき教養を集めた『男重宝記《なんちょうほうき》』という本には、和菓子と銘が約二五〇種も記されています。現代ではスイーツといえば女性の好むものというイメージですが、

菓子は祝儀や宴会などの社交の場で用いられたので、男性にとって大事な小道具だったのです。

こんな逸話もあります。当時の幕臣は役付きが決まると、同僚を招いて接待する習慣がありました。そのときに定番だった鈴木越後ではない店の羊羹を出した武士がいて、同僚にいつもと味が違うと気づかれて、満座の中で大いにののしられたと（森山孝盛『賤のをだ巻』）。質素倹約の折とはいえ、時と場合を考えることも大事ですし、同僚の武士も、そんなことで責めなくても、とは思います。ただ、羊羹というものがいかに高価で大事だったか、さらに味の違いや値段の多少にこだわるぐらい、男性も菓子を好んでいた証拠と考えれば、興味深い話です。

私にとっての和菓子

私にとっての和菓子とは、ひと言で言うなら「ご馳走の最たるもの」。祭事では神仏に捧げるものですし、食事を締めくくる一品として、迎えた相手に対するもてなしの気持ちを集約するものです。なかなか甘味が手に入らなかった昔はもちろん、砂糖がふんだんにある今の世の中でも、心持ちは同じです。日本語で「うまい」と「甘い」は語源が同一とされています。日本人の考える〝美味〟の一象徴が甘き菓子と言っても過言ではないでしょう。だからこそ、進物に向くのです。

今でも、挨拶、礼や詫びの気持ちの表れとして、菓子折りを持参します。そのときの菓子には、ただ美味しいだけではなくて、体裁のよいものだったり、珍しいものだったり、自分の思いが伝わるものを選ぶはずです。日本人の人間関係には欠かせないものだと言えます。

具体的に、どこまでを「和菓子」と考えるか——あくまで私の考えですが、「日本人の生活に根ざした甘いもの」です。原則としては甘く、日本の空間に合い、日本人の考えるもてなしに適う嗜好品。生活に合うということは、時代とともに変化するということです。カステラや餡パンも、今となっては和菓子と言えるでしょう。アイスクリームはまだ和菓子ではありませんが、高知などの地方の氷菓としても有名なアイスクリンならどうかと問われたら……、和菓子の範疇と考えてよいかもしれません。日本という国は、非時香果しかり、海の向こうから渡ってくるものを、ありがたいもの、それでいて怖いものという、表裏一体の感覚で受け入れてきました。ここに辿り着いたらその先に行き場がないから、煎じ詰めることの得意なお国柄でもあります。受容と変容を繰り返して、今の和菓子があるのだと思います。

ずいぶん若い頃の話ですが、イギリスのデザイナー、テレンス・コンラン卿と仕事で数日を過ごしたときに、「和菓子よりも洋菓子のほうがバリエーション豊かで優れている」と言われ、議論になったことがあります。ヨーロッパ文化全般と同様に、大きく豪華に発展してきた洋菓子に対して、和菓子の場合は、その席や器との取り合わせを含めて、小さな菓子の中に世界を閉じ込めていく手法です。デコレーションケーキに負けない迫力があるのは、祝儀に使われる子持ち饅頭「蓬が島」［カバー写真］ぐらいでしょう。考え方、目指す豊かさの方向性が異なるのです。クリームやジャムの濃い華やかな味を良いとするか、豆や餅の柔らかな味を良いと感じるかは、お国柄と文化の違いではないかと反論しました。広場か

右頁／陰暦6月16日は、餅や菓子を食べて厄を払う「嘉祥」の日。とらやが再現した宮中の嘉祥菓子(手前から時計回りに、伊賀餅・味噌松風・浅路飴・武蔵野・源氏籬・桔梗餅、中央は豊岡の里)。器は根来塗高坏(春日大社伝来 室町時代)。

ら放射状に広がる西洋の都市や宮殿の庭と、か細い山道をたどるように作る露地との違いが、そこにはあります。

人の手で作られたもの

もう一つ、私の考える和菓子としての大切な要素は、「人の手で作られたもの」であることです。私の故郷の愛媛では、干し芋のことを「東山」と呼びます。その由来は、山で採れる「干菓子」、あるいは、干からびたものを指す方言「ひかち」からとも言われていますが、芋をそのまま齧るのではなく、ひと手間かけて菓子にすることと、素朴な干し芋に都の名所を借りることで、一つの「やつし」に仕立てようとしたのではないかとも思います。花と違い、菓子は自然の中にはない。だから人が求めるもの、人の中にある願いを形にしたものなのです。自然の脅威と背中合わせの山里に、高尚な上菓子が生まれることは稀です。地方の菓子は、土地の歴史や由緒を物語る名物であり、茶席に限らず、口にすれば、仮初めの旅行気分にさせてくれます。

茶の湯が何かを見立ててデフォルメし、名付けによって奥行きを広げる、シチュエーションや取り合わせで、一見無意味な物事に意味を持たせるところから、利休の行為は現代美術に通じるなどとよく言われます。しかし私が最近思うのは、焼け野原と瓦礫の只中で侘び茶が生まれたのは、物理的に厳しい状況で、いかに生活を楽しむかが原点だったのではないかということです。贅沢者の貧乏ごっこだと言われがちですが、我が国が質量ともに豊かになったのは高度成長期以降のこと。それまでは、知恵をはたらかせて物理的に少ないものを精神的に豊かにすることで、厳しい生活を少しでも明るいものにしようと努力してきたのです。本来の「侘び」「寂び」「やつし」とは、単なるきれいごとではなく、切実な貧しさの果てに生まれた、日本人の生きる知恵であったと私は考えています。利休のすごさは、そうした無垢な「侘び」を、自身の眼による創作とすり替えたところにあります。和菓子の中には、利休の作為に留まらない「侘び」「寂び」「やつし」の素な姿が残されています。和菓子は、同じ素材・製法でも、色味や使う季節、銘を変えて、別の菓子と見立てます。一般的な名称や店でつけた銘もありますが、茶席で使うときは、亭主が趣向に合わせて自分で変えてよいのです。人と交わるための媒介なので、銘が担う役目はあくまで重い。素材だけで同じ菓子と思うのは、口の味わいだけの話。黒子や半東が見えない〝約束〟となっているのにも似ています。

自分の物差しを

一口に和菓子と言っても、茶席用の上生菓子もあれば、ふだんのおやつ、番茶菓子もあります。その境界に線をひくのは、実は難しい。これはもてなしに使える、使えないという物差しを自身の中で作ることが大切で、それは人や状況によって違ってよいはずです。たとえば、ある土地の人々にとっては、さしたるものではないと思われている日常の菓子が、他の土地から訪ねてきた人には「こんな菓子があったか！」と、新鮮な驚きを呼ぶこともあります。自分には当たり前でも、他人にとっては未知の出来事があり、逆もまた真なり。同様に、違う物差しに出会うことこそ、招き招かれる喜びです。

三月

弥生《やよい》

花見月《はなみづき》

春惜月《はるおしみづき》

青章《せいしょう》

杪春《びょうしゅん》

三月はいよいよ春です。まず雛祭、上巳の節句は桃の花。桃の実を表す西王母も好まれます。上巳の頃の決まりものは、引千切《ひちぎり》、そして草餅です。萌え始めた蓬の新芽を摘んで、草の息吹を感じさせる餡や餅生地が使われだすのもこの頃です。貝の意匠も多用されます。潮干狩りの季節ですし、雛祭のときに用いられる貝合せにちなんだ貝も欠かせません。それから草花は菜の花。利休と菜の花の故事に、北野天満宮で菜種御供《なたねのごく》という神事も行われたことも大きな理由でしょう。奈良の佐保山にちなんだ佐保姫は、春の女神として三月から四月に使われる銘です。

行事

上巳　雛祭　彼岸　蝶　帰雁　朧月夜　春宵　若草　春陽
春暖

主菓子

青丹よし　青柳　いただき　糸巻　糸遊　がらん餅　草の春
草餅　香包み　御所の庭　咲分　佐保姫　春暇　西王母
稚児桜　椿餅　菜種きんとん　菜種の里　菜種巻　菜種餅
法の袖　畑の春　初桜　花橘　蛤餅　春の園　春の錦　春の山
瓢　引千切　雛菓子　未開紅　桃柳　蓬餅　龍下餅　若草
若草饅頭　若草餅　若しのぶ　蕨餅

干菓子

おちょぼ　貝尽くし　亀甲　曲水　菜花糖　桜　橘　稚児桜
蝶　長生殿　長生不老　千代結　土筆　友白髪　なたね
菜種煎餅　花兎　春霞　春の色　春の吹寄　瓢　雛菓子　紅蕨
桃　万代結　若草　わらび

三月一日

菓■氷梅《こおりうめ》｜越後屋若狭（東京本所）
器■乾山写梅花文食籠　永楽即全作　昭和時代

残雪に梅の凍れるさま。このみずみずしさと角の鋭さが、江戸の菓子です。山芋の餡そぼろのなかにゆかりが刻みこまれていて、口に含めばほのかな大葉の香。秀逸です。

三月二日

菓■仙寿《せんじゅ》―とらや（京都一条）
器■唐物紅花緑葉八角食籠　萬野美術館旧蔵　明時代

西王母ゆかりの果実・桃、不老長寿の仙薬です。そこに込められた物語や故事来歴を語り、響かせ合うところも、和菓子の大きな役割。菓子器と菓子の取り合わせを通して、選んだ人の目の確かさ、そこから透けて見える教養の程と内面に出会えるのが、茶席の喜びでもあります。果物や花などに形づくった菓子は、常ならぬものへの憧れが表現されたもの。色目や甘みの強さと品格を備えているところに、とらやらしさが表れています。

三月三日

菓■あこや―川端道喜（京都北山）
器■一閑張菱盆　初代飛来一閑作
宗旦好ノ本歌　久松家伝来　江戸時代初期

上巳。京都で雛の節句といえばこの菓子。「あこや」は愛知県阿久比町の古名で、ここでとれた真珠をあこや玉と呼んだことから、真珠があこやと呼ばれるようになり、その大切な玉を抱く姿が、母を想起させる言葉にもなりました。引きちぎった餅に餡を載せる形から「ひちぎり」とも呼び、古くは利休時代まで遡るとも言われています。雛菓子のもとの形かもしれません。

三月四日

菓■引千切《ひちぎり》—末富（京都四条烏丸）
器■仁清写蜃形鉢　永楽即全作　昭和時代

蜃《しん》とは大きな蛤のこと。霊蛤《れいこう》の異称があり、気を吐けば蜃気楼が現れます。引千切の由来は、宮中の戴き餅と言われています。それが転じて雛祭りの菓子になりました。子を抱いているような形ですし、きんとんの色を変えれば紅白のお雛様にも見えるので、さまざまな思いが込められているのでしょう。台は蓬を混ぜたこなしです。

三月五日

菓■雛籠《ひなかご》—末富（京都四条烏丸）
器■遠山衛重　一二代飛来一閑作　明治時代

啓蟄。芽生えの頃の愛でたさ。ありとあらゆる干菓子の素材で作られた、春の意匠を集めた籠です。雛とは、小さくかわいらしいことを意味する言葉ですし、小さなものが集められたこの籠は、雛祭りの飾りとしても、食べても楽しめる。飴細工の紅白の幔幕、流水、花、蝶、土筆に菫、鯛……どうやって食べるのかという野暮は言いっこなしで。

三月六日

菓■あこや｜嘯月（京都紫野）
器■黄交趾菱形皿　永楽妙全作　明治時代

かけがえのないものを抱きかかえたよう。「あこや」は母性を讃える名です。「あこや」「ひちぎり」の表現技法も色々。

三月七日

菓■雛菓子《ひながし》一京都鶴屋鶴壽庵（京都壬生）
器■すやり霞絵桐木地神折敷　林美木子作　現代

ちいさきもの。雛そのもの。指の先ほどの大きさの、和菓子のミニチュアです。草餅、薯蕷、きんとん、こなし製の桃、餅。大阪の大暖簾元、鶴屋の流れを汲む京都鶴屋は、新選組が壬生で屯所にしていた八木家が経営しています。器は有職故実や御所風の絵画や造形で有名な作り手によるものです。「すやり霞」と俗に呼ばれる模様と群青の色目が、王朝の雅と風景を象徴し、白木のうぶな姿も、伊勢神宮に遡る王朝の伝統です。

三月八日

菓■桃《もも》の花《はな》―芳光（名古屋）
器■織部扇面向付　江戸時代初期

「三千歳になるてふ桃の今年より花咲く春に逢ひにけるかな」（凡河内躬恒）。色目と太さの違うきんとんを組み合わせてあります。とりどりに咲き誇る春の野原なのでしょうけれど、桃の花という銘をつけています。

三月九日

菓■貝千年《かいせんねん》一長門屋（会津若松）

添■貝覆　林美木子作　現代

王朝の昔から、貝合せは女児の幸せを願う遊び。古くは貝を入れた貝桶を受け渡すというのが、婚礼の大切な儀式でした。蛤の貝殻には、つがいがひとつしかありませんから、「たったひとつの良縁に恵まれますように」という親の切実な願いが込められています。貝の形の和三盆糖が、貝殻の中に詰め合わせになった菓子です。海のない土地・会津若松の名店で、海なるものの豊かさへの憧れを感じさせてくれる菓子です。

三月一〇日

菓■若草《わかくさ》｜緑菴（京都鹿ヶ谷）
器■明川碗　浅川伯教旧蔵　李朝時代

「芳草野花一様春」。蓬の香りは、春の芽生えの象徴です。その蓬を使った餅菓子で、粒餡が入れられています。緑菴は、末富で修業された主人が営む名店です。

三月一二日

菓■玉椿《たまつばき》―伊勢屋本店（姫路）
器■唐物真塗四方盆　酒井家伝来　明時代

姫路藩酒井家を支えた茶人であり、名家老だった河合寸翁が命名者。寸翁を引き立てた酒井宗雅は、早逝したため松平不昧公に心から惜しまれた大名です。希少な白小豆を使った黄身餡を求肥で包んだ贅沢な菓子で、姫路藩、酒井家の豊かさと奥行きを物語ります。どことなく、宗雅の弟・酒井抱一の絵を思わせます。

三月一二日

菓■糊《のり》こぼし―萬々堂通則（奈良）
器■根来塗手力盆　桃山時代
添■二月堂造花

東大寺二月堂お水取り（修二会）の祭壇には、良弁椿の造花が供されます。良弁椿とは、良弁上人にちなんだ白赤の斑入りの椿。この椿をかたどった菓子です。「糊こぼし」とは、花びらに糊をこぼしてつけたように赤白色がついているから。この時期、奈良中の菓子屋が作ります。

三月一三日

菓■青丹《あおに》よし―鶴屋徳満（奈良）
器■法華寺古瓦　奈良時代

春日大社勅祭。「あをによし奈良の都は咲く花のにほふがごとくいまさかりなり」（小野老）。短冊をモチーフにした奈良の銘菓、落雁の一種。もとは中宮寺の御用菓子「真砂糖《まさごとう》」で、「青丹よし」と名づけたのは有栖川宮だそうです。

三月一四日

菓■松島《まつしま》こうれん―紅蓮屋心月庵（松島）
器■唐物砂張盆　明時代

淡い口溶けは春の雪のよう。薄い焼きの煎餅で、砂糖ではなく米のほのかな甘さ。日本三景の一つ、松島の伝承で、亡くなった許嫁のために仏門に入った紅蓮尼という尼が作り、村の人に施していたと言われる薄焼き煎餅です。一枚ずつ手焼きしているので、淡い焦げ目がついたものもあります。ときに淡い紅にも映る白が、伝説を思わせます。

三月一五日

菓■羽衣《はごろも》―越後屋若狭（東京本所）
器■祥瑞輪花三足皿　明時代末期

椿を天女の羽衣にたとえて。紅色をぼかした練切製です。椿の葉に載せました。

三月一六日

菓■本煉羊羹《ほんねりようかん》―玉嶋屋（二本松）
器■会津塗隅切折敷　明治時代

まだ浅い東国の春を思って。佐賀の小城羊羹と同じように、羊羹を干して周りを乾かしたものです。ほぼ砂糖と餡だけの日持ちする高級品で、江戸時代をとおして珍重されました。表面の砂糖のしゃりしゃりした感じが好きなのですが、とくにこの時期の雪解けを思わせます。玉嶋屋は老舗ですが、戊辰戦争の敗北が東北列藩を覆いつくしたからか、西のほうに比べると案外今に残る菓子屋が少ないのです。会津塗の盆と。

三月一七日

菓■牡《ぼ》丹《たん》餅《もち》—松華堂（半田）
器■銹絵牡丹詩画長皿　尾形乾山作　江戸時代

彼岸入り。秋はおはぎ、春は牡丹餅。漉し餡の中に道明寺製の餅を入れ、ふっくらと炊きあげた小豆をつけています。皮ごとの半潰しにしたのでは茶席の菓子にならないので、粒餡の風情を残しつつ、上菓子としてアレンジするさまは見事です。

三月一八日

菓■貝尽《かいづく》し─亀屋伊織（京都二条）
器■唐物不審菴伝来写一閑張内朱菱形盆　一二代飛来一閑作　明治時代

「しほひがた隣の国へつゞきけり」（正岡子規）。潮干狩りの季節でもあり、雛祭りもありますので、春といえば貝。貝尽くしで春の訪れを思わせます。「雀」という字は、小さな雀貝を表しています。

三月一九日

菓■蕨餅《わらびもち》―芳光（名古屋）
器■志野草花文四方中皿　桃山時代

おだやかで、柔らかで、ゆたかな春。ぼてっとした本蕨粉を使った蕨餅は、中京地方独特で、京都の蕨餅とはまた違う風情。もちろん柔らかいほど良いというわけではありませんが、当世風の、黒文字で取ることすら憚られる柔らかさの蕨餅の代表として選びました。

三月二〇日

菓■洲浜《すはま》―植村義次（京都丸太町）
器■宝尽し蒔絵硯蓋　神坂雪佳下絵・神坂祐吉作　大正時代

洲浜とは、穏やかに波打ち返す入りくんだ浜辺であり、有職の意匠でもあります。これこそ上つ方の贈答接待用の菓子でした。時候によって変えたりもしますが、浜辺を緑で、波打ち際の砂浜を黄色で表すことで、周りの水の風景をこそ、人は想うべしと。ここに水色がきたら台無しです。

三月二一日

菓■蓬羊羹《よもぎようかん》—越後屋若狭（東京本所）

器■呉須扇文皿　明時代末期

江戸の昔、羊羹は贅沢な嗜好品でした。蓬の香に江戸の春を思って。

三月二二日

菓■菜種《なたね》きんとん―松華堂（半田）
器■花三島鉢　李朝時代

蝶が舞いはじめる頃。三月後半の大事な意匠といえば、菜の花、菜花、菜種の花です。ちょうど利休忌の頃に咲く花でもあり、茶席に菜の花を盛んに採り入れるようになります。店によって製法はさまざまで、緑と黄色で染め分けるところもあれば、このように緑色のきんとんに黄色を載せるところもあります。

三月二三日

菓■若草《わかくさ》―彩雲堂（松江）
器■唐物花鳥文輪花盆　清時代初期

松平不昧公好み。名づけも一流の数寄大名でした。拍子木に切った求肥の餅の周りには、緑色の寒梅粉がまぶしてあります。この寒梅粉、季節に合わせて緑の濃さを変えています。

三月二四日

菓■菜種《なたね》の里《さと》―三英堂（松江）
器■堆朱騎馬人物文四方盆　元時代

「寿々菜さく野辺の朝風そよ吹けはとひかふ蝶の袖そかすそふ」（松平不昧）。こちらも不昧公好みの古き菓子。手でざんぐりと割った不揃いな形もご馳走です。しっとりとした落雁を黄色く染めてあって、畑を飛ぶ蝶のように表現された白い粒は、炒った米です。菜の花が咲けば春の盛りもまもなく。

三月二五日

菓■清香殿《せいこうでん》―藤丸（太宰府）
器■唐物若狭盆　明時代

清香は梅の香り。利休はみずからを菅丞相になぞらえました。やはり九州ということで、ほのかに卵の風味がする半生菓子です。大徳寺納豆を一粒入れてあるのが特徴で、利休四〇〇年忌（平成二年）の茶会のときに、大徳寺で使われる菓子として作られました。大徳寺納豆の渋さが利休に通じるということでしょう。清香殿という銘も、大徳寺の禅僧がつけた名前です。藤丸は、新しき名店とも言うべき菓子屋です。

三月二六日

菓■利休古《りきゅうこ》印《いん》―丸市菓子舗（堺）
器■存星花唐草文四方盆　宗旦所持　明時代

利休はもともと堺の納屋衆と言われる町衆でした。その利休の古い「納屋印」と小さい「竹印」の印判をかたどった、堺の銘菓です。口溶けがよく、食べても美味しい。エキゾチックな堺の港に思いを馳せて、南蛮趣味漂う、古い中国の存星の盆に盛ってみました。

三月二七日

菓■麩《ふ》の焼《や》き―川端道喜（京都北山）
添■利休自筆茶会記　紀州徳川家伝来　桃山時代

利休忌。利休の茶会で最も多く使われた菓子は、麩の焼きでした。小麦粉の生地をクレープ状に焼いて、味噌をくるんだだけ。砂糖の甘さも、豪華な色目もなかった利休の時代の菓子です。作ってすぐに食べるものなので、ふだんは売っていません。添えたのは「利休百会」の自筆会記の最後、古田織部を招いた部分です。失われたと言われていた巻物ですが、縁があって、再び日の目を見ました。

三月二八日

菓■利休饅頭《りきゅうまんじゅう》―岬屋（東京富ヶ谷）
器■古唐津皿　桃山時代

このような渋い風情が、巷における利休の印象でした。小麦饅頭と俗に言われる黒糖の麦饅頭。外側のつるんとした皮をわざととったものを、「おぼろ」と呼びます。もちろん、当時はありませんから、利休が食べていたものというわけではありません。

三月二九日

菓■利休《りきゅう》ふやき―菊家（東京青山）

器■蒟醤台鉢　一七世紀初期

利休の頃の麩の焼きは生菓子でしたが、いまでは干菓子のそれをよく見かけます。こちらはいわゆる関西風の小麦粉の麩の焼きとは違いますが、かわいらしい東京風、関東風の菓子で有名な菊家の麩の焼きです。麩の焼きという言葉と、利休の不揃いなイメージから、他の店には真似できない麩の焼きを作り上げたところに、この良さ、面白さがあります。独特の食感と甘さで美味しい菓子です。

三月三〇日

菓■菜花《さいか》糖《とう》―大黒屋（鯖江）
器■ラッカーボックス　デザイン―フリッツ・フレンクラー　現代

黄色い色が、小さくたらたらと咲く菜種の花を思わせる。このまま食べてもよいのですが、柚子の香りの砂糖あられですので、白湯に浮かべて香煎としてざらざらと飲んでも美味しい。茶箱に入れて持ちだしても楽しいもの。利休最期の席で生けられていたのは菜の花だと言われていますが、この頃咲くからでしょう。福井鯖江藩の御用菓子です。

三月三一日

菓■姫小《ひめこ》袖《そで》—一力堂（松江）
器■堆朱草花文四方盆　江戸時代

袖の匂いに春立ちこめる。紅白に染め分けた和三盆に、上質な綸子の着物を思わせるような文様。松江藩の「お留め菓子」として、藩政時代は一般庶民の口に入ることはありませんでした。なかに皮むき餡が入った打ち菓子です。

四月

卯月《うづき》
陰月《いんげつ》
清和月《せいわづき》
花残月《はなのこりづき》
仲呂《ちゅうりょ》

四月はあくまで桜の意匠。加えて柳が大切です。「柳桜をこきまぜて……」の古歌をひくまでもなく、緑があってはじめて、桜の色も映えます。同時に、「花より団子」の串に刺した団子の風情、野遊びの風情を感じさせるものが好まれます。また、春宵一刻値千金という言葉のとおり、花見は夜を楽しむものでもあるので、月、名月、朧、朧月夜などを銘とするのも好まれますし、そこから菓子自体も、皮を剝いて「おぼろ」にした薯蕷饅頭を使うのも、面白いかもしれません。吉野などの桜の名所、言問団子に象徴される隅田川の桜の風情も取り込まれます。川縁や水辺の情景を表す意匠の「花筏」などは秀逸といったところ。

行事

釣釜　透木釜　春眠　朧夜　花吹雪　観桜

主菓子

井出の里　朧夜餅　がらん餅　言問団子　桜重　桜餅　摺衣
青陽　荘子　大仏餅　菜種きんとん　野辺の春　白雲　花筏
花衣　花見団子　春の野　富貴草　深見草　水柳　みたらし
深山つつじ　八重山吹　山吹重　羅漢餅　若緑　蕨餅

干菓子

青丹よし　青柳　青柳結　朧月　開扇　からいた　君ヶ代
湖落雁　桜　桜川　七宝　稚児桜　千代の友　なたね　花筏
花うさぎ　松葉　都鳥　都の錦　三芳野　山川　山吹　吉野山
蓬ヶ島　若草　わらび結

四月一日

菓■桃《もも》カステラ｜松翁軒（長崎）
器■土耳古赤絵花文大皿　一六世紀

エイプリルフール。ときには造りもののほうが、本物よりもそれらしく映るもの。長崎で祝い事といえば、この菓子。鉢いっぱいになるぐらいの大きなものから、小さなものまであります。カステラ地の上に、原色の砂糖細工の桃が載せられているところが、南蛮菓子の上に中華趣味という、長崎らしいユニークな菓子だと思います。いわゆるカステラ屋が作る菓子で、この松翁軒のものが有名です。

四月二日

菓■長命寺桜《ちょうめいじざくら》もち―長命寺桜もち山本（東京向島）
器■七官青磁鉢　明時代

江戸・向島の銘菓として名高い、東京風、関東風の桜餅の元祖です。関東ではクレープ状の麩の焼きの桜餅が、関西では道明寺粉を使った桜餅が一般的です。ほのかに桜の香りが漂い、薄い生地が春の衣を思わせます。子規をはじめ、たくさんの文人墨客に愛された菓子ですが、たっぷり三枚使った葉を、何枚食べるか、それぞれ食べ方にも一家言あったようです。

四月三日

菓■菱落雁《ひしらくがん》—末富（京都四条烏丸）

器■遠山衝重　五代丸平大木平蔵作　昭和時代

「唐錦立ち並びけり桃さくら」（里村昌逸）。旧暦の気分を残す西日本では、雛祭りの本番です。お雛様の前にしばらく飾っておける乾き物の落雁ですから、そのお下がりをいただくのも楽しいものです。大地の色を雪の白が覆って、中から若芽が吹いて、そして赤と黄の花が咲く。菱餅を雛壇に飾る風習は江戸時代後期以降。起源には諸説がありますが、宮中の二色の鏡餅の飾りが転じて民間に伝わるうちに菱餅になったのではないかと思います。

四月四日

菓■椿餅《つばきもち》―芳光（名古屋）
器■銹絵椿詩画重色紙皿　尾形乾山作　江戸時代

椿を愛でるのもこの月まで。椿の葉のつややかな緑と、つるんとした皮の対比は面白い。『源氏物語』や『宇津保物語』、『藻塩草』にも出てくる「つばいもちゐ」を源流とする古き菓銘です。椿餅は二月を中心に寒の入りから陽春にかけて好まれ、ふつうは道明寺を使った餅菓子ですが、名古屋では漉し餡を真っ白な羽二重餅でくるみ、寒天をかけて、柔らかいみずみずしい菓子として作ることが多いようです。この椿餅は皮の柔らかさと、しっかりとした大粒の小豆餡の食感の違いが口楽しい一品。寒中だけでなく春の風情にも合います。概して名古屋は口当たりの柔らかい菓子を好む、得意とする店が多い気がします。

四月五日

菓■花筵《はなむしろ》―とらや（京都一条）
器■唐物籠地八角食籠　明時代末期

筵のように散り敷いた花。春の贅沢です。緑の求肥地のまわりにピンクのカルメラをまぶして桜の花の咲いた風情にした菓子です。和菓子の素材はさほど多くないので、違う素材を組み合わせて、この菓子のように、はじめにカリッと香ばしく、それから餅の柔らかさを感じさせるような、組み合わせで口の中を楽しませることも大事です。

四月六日

菓■稚児桜《ちござくら》　蕨《わらび》—亀屋伊織（京都二条）

器■唐物籠地八角食籠　明時代末期

稚児の手毬にも見えます。伸び盛りの蕨を添えて。稚児桜とは、これから咲いていく小さな桜を指す名前です。まるく単純化された形の有平の飴です。これが、たとえば黄色と白だと「山吹」、水色だと「水玉」や「玉すだれ」。季節に合わせて色が変わると、名前も変わります。

四月七日

菓■瑞雲《ずいうん》 一 菊家（東京青山）
器■安南写蓋物 仁阿弥道八作 江戸時代

春の雲のように。いわゆる「黄身しぐれ」は、表面にヒビ割れが入ります。海外の人から見たら出来損ないに見えるかもしれない、いびつで焼きはぜた風情が、日本人から見たら侘びという気持ちに叶ったのかもしれません。卵の黄身と餡を混ぜて蒸し上げたものです。食べごたえのある大きさですが、むくむくと割れた感じが、めでたさを呼ぶ、わきおこる瑞雲をイメージさせるとしてついた銘ではないでしょうか。菊家の名物です。

四月八日

菓■さまざま桜《ざくら》—紅梅屋（伊賀上野）
器■蠟色塗青海盆　山本春正作　江戸時代

花祭は釈迦の誕生日。「さまざまの事おもひ出す桜かな」（松尾芭蕉）。松尾芭蕉の生誕地としても有名な伊賀上野の名物で、縁日の型抜きを思い出すようなパリパリとした食感のひなびた味わい。海苔や胡麻が入っていたり、さまざまな桜の色を思わせる取り合わせの、楽しい菓子です。

四月九日

菓■手折桜《たおりざくら》—とらや（京都一条）
器■古清水六角段重　江戸時代

衣装の格が中身を決めることも。清水の豪華で華やかな段重から透けて見えるのに、どんな菓子がよいか考えて決めました。型押しの折り目正しい感じというのは、こうした豪華で格調高い器によく合います。こなし製（とらやでは「羊羹製」と呼びます）のひと手間かけた美味しい菓子です。

四月一〇日

菓■春《はる》の山《やま》　山もと（京都東山五条）
器■仁清写色絵東山桜花文色紙皿　永楽即全作　昭和時代

山笑う。きんとんは、太さや色目の取り合わせで表現を変えます。白とピンクの細かなそぼろ状にしたきんとんをまだらにつけて、爛漫に咲き誇る春を思わせます。

四月一一日

菓■桜《さくら》あわせ｜末富（京都四条烏丸）
器■春慶塗雲錦文鉢　八坂神社南門古材　近藤道恵作　江戸時代

「清水へ祇園をよぎる桜月夜こよひ逢ふひとみなうつくしき」（与謝野晶子）。ピンクと白で桜の形にした薯蕷皮を、裏表に合わせてあります。ふくふくとした薯蕷饅頭というものは、実は手に持ってちぎって食べるほうが美味しい菓子。手で触感を味わうということです。何でも上品に食べればよいというものではありませんし、そのことで菓子の持っている性を殺してしまうことさえあります。

四月一二日

菓■花《はな》の宴《えん》｜川口屋（名古屋）
器■青磁雲鶴文碗　白嘉納家伝来　李朝時代

桜ほど、宴という言葉が似あう花はありません。まるで桜の花を布団にたたんだような、あるいは逆に膨らむように咲き誇る桜を思わせる、名古屋の老舗の菓子です。

四月一三日

菓■花衣《はなごろも》─塩野（東京赤坂）
器■紅定鉢　鈴木睦美作　現代

花を弄すれば香衣に満つ。桜の花びらの形で黄身餡を畳み込んでいる様子が、着物の袖を畳んだようにも見えます。名前、形、モチーフの花という要素を、ストレートになりすぎないように決めていくのは、和菓子の大切な作業です。京都は山桜が多いのですが、江戸の人々を楽しませてきたのは、江戸の染井村で観賞目的に人工的に掛けあわせて作られた染井吉野。古きよき名所桜を思わせます。

四月一四日

菓■桜麩饅頭《さくらふまんじゅう》一麩嘉（京都西洞院）
器■織部釉梅桜文手鉢　樂惺入作　昭和時代

京都では昔から精進料理や懐石の材料として好まれてきた麩が、菓子としても楽しまれるようになったのが麩饅頭。こちらは桜の塩漬けで風味をつけて、柚子餡と漉し餡を混ぜたものを包み込んでいます。桜の塩漬けと葉の両方から感じられる非常に清冽な桜の香で、水を食べているぐらいつるんとみずみずしい、春の味わい。直接的な桜の意匠や、いわゆる桜餅に飽きたころに嬉しい一品かもしれません。生麩の専門店です。

四月一五日

菓■花簪《はなかんざし》―末富（京都四条烏丸）
器■東大寺二月堂練行衆盤写　日ノ丸盆　江戸時代

雪月花をして三雅と称します。散った桜の花びらと、丸い提灯には水の押印、水辺に散った桜、そしてそれを見ている女の人の簪、ひょっとしたらその簪自体にも桜が……そんな景色が浮かぶような菓子です。こなし製で、青竹の串の鮮やかさと切り口の鋭さが身上です。手にとったときの青竹のひんやりとした触感もご馳走ですから。

四月一六日

菓■嵐山《あらしやま》さ久《く》ら餅《もち》―鶴屋寿（京都嵐山）
器■絵御本鉢　北大路魯山人作　昭和時代

京都の桜の名所・嵐山の桜餅を代表する一軒。関西の桜餅といえば、この道明寺粉を使ったものですが、その元祖に近いのではないでしょうか。桜餅はこのぐらい葉にたっぷり包まれて、中が見えないくらいのほうが、野趣があふれて好きです。桜の時期には葉はありませんから、前年に塩漬けにしたものを使いますが、桜の香と聞いてイメージするのは、花ではなく、この葉の香が刷り込まれていることが面白い気がします。

四月一七日

菓■花筏《はないかだ》―川端道喜（京都北山）
器■志野山水文四方鉢　桃山時代

水面に浮かぶのは、うたかたのような桜の花びらとやつれた筏。川面に散った花びらが流れていく景色を、花びらが作った筏に見立てた「花筏」は、侘びの意匠です。素材が一緒でも、意匠や焼き印が変わることで、季節を代表する菓子になる、よい例です。漉し餡を、紅色に染めた細長い餅にくるみ、裏表、ネガポジに焼き印を押すことで、花筏の風情に。古い菓子ですが、ほかの店でも、実はなかなかこの形の餅はありません。

四月一八日

菓■花見《はなみ》団子《だんご》―緑菴（京都鹿ヶ谷）
器■柳文田楽箱　鵬雲斎好　昭和時代

竹串の見事さが、団子の格を高めます。桜の色、緑の蓬を刻み込んで草の色、それから土の色を表して。五色にすることもあります。「花より団子」の言葉もありますが、大切なのは、茶の湯に限らず、おもてなしの席に、団子一串が届けられることで、そこに花がなくとも、花見の気分にさせるという力です。町の饅頭屋から上菓子屋までさまざまな店で作られますが、こなしや練切でサイズも揃えて品よくおさめるのが大事です。

四月一九日

菓■桜《さくら》―御倉屋（京都紫竹）
器■織部角鉢　桃山時代

散った花の一片に心奪われることも。単純明快なデザイン。柔らかな練切製なので、ちょっと扱いを間違えると、すぐに傷がつく繊細さが、桜の花びらを思わせます。うっすら透けて見える餡は、紅を差したようにも見えます。洛北・紫竹にある御倉屋は、京都の菓子という一言で片付けられない、独特の菓子を作る菓子屋です。

四月二〇日

菓■茶三昧《ちゃざんまい》―亀広良（名古屋）
器■根来塗隅切足付膳　室町時代

穀雨。春雨にけぶる風情にこそ、爛漫の春は惜しまれます。こくのある餡とさっくりした黍種《きびたね》の煎餅のとりあわせ。春秋とも、こうした菓子で薄茶を飲むのはよいものです。「樂」字の焼き印は、茶碗の高台に見立てたとか。一度絶えたものが再びよみがえった名古屋の銘菓です。

四月二一日

菓■花衣《はなごろも》―川端道喜（京都北山）
器■染付桜川文鉢　永楽保全作　江戸時代

出会い、と呼びたくなるような取り合わせ。三角に切った餅生地を畳み込むことで、衣の意匠に見立てています。桜の焼き印を押せば花衣、夏には薄衣（七月一九日）と、季節ごとに色を変えて作られる餅菓子。この形自体が、川端道喜のお家芸です。餡が透けて見えるのが春らしい。

四月二三日

菓■花見《はなみ》団子《だんご》—亀屋則克（京都烏丸御池）
器■都をどり団子皿　永楽妙全作　明治時代

花より団子、団子より花。一番上は餅、中は餡団子、下は薯蕷です。素材が違うものを組み合わせて団子に見立てた、楽しい菓子です。器は筆が転ばないようにした筆洗形という切り方で、団子の皿に見立てて、「都をどり」の茶席で配られたものです。

四月二三日

菓■ひとひら―紫野源水（京都紫野）
器■銀釉鳥文銅鑼鉢　北大路魯山人作　昭和時代

花は散り際、人はいざ。練切は、わずかに摘み方を変えるだけで、ありとあらゆる形になりますが、こうした「たった一つ」というのもきれいです。ひだを寄せ集めるように摘んだだけですが、シンプルな菓子の方が、職人の技の「冴え」を感じることができます。ひと工夫のある菓子を作ることで有名な店です。

四月二四日

菓■胡蝶《こちょう》　おぼろ月《づき》―亀屋伊織（京都二条）
器■螺鈿荘子図四方盆　明時代末期

春宵一刻値千金。白い有平糖を結んだだけで、胡蝶に見立てた良い菓子です。丸い薄ピンクのおぼろ月は、朧種と呼ばれる砂糖の煎餅に、砂糖蜜を挟んでいます。

四月二五日

菓■緑巻《みどりまき》―両口屋是清（名古屋）
器■天啓染付銀杏形鉢　明時代末期

薯蕷皮と粒餡を「のの字」に巻いた形で、水のうたかたを表現するのは、古くからある技法です。薯蕷皮の白さが「春」というところでしょうか。言わずと知れた、尾張藩御用達の老舗です。

四月二六日

菓■春一番《はるいちばん》｜川口屋（名古屋）
器■根来塗硯台　室町時代

晩春の佳人。枝垂れ桜の焼き印を押した、柔らかな道明寺の餅菓子の周りに、白い粉をたっぷり振っています。染井吉野だけでなく、山桜や八重桜、枝垂れ桜に目を向ければ、長い期間を楽しむことができます。

四月二七日

菓■都鳥《みやこどり》―奈良屋（岐阜）
器■桜川蒔絵銘々皿　美濃屋作　明治時代

口に入れるのもためらわれるほど。実際の都鳥＝ユリカモメは、怖いくらいに嘴の鋭い鳥。『伊勢物語』を始め、古くから詩歌や絵画の題に、ときに可愛く、ときに怖く描かれています。長良川にも都鳥がくるのでしょうか。卵白と砂糖のメレンゲを乾燥させて焼いた菓子です。同じ素材の「雪たる満」という菓子を昭憲皇太后に献上し、鳥の形にする案をいただいて誕生したそうです。

四月二八日

菓■きみごろも―松月堂（大宇陀）
器■根来塗三足盤　室町時代

香ばしい衣の下は純白の淡雪。奈良の山里の柔らかな春です。淡雪の周りに卵の黄身で色をつけ、六方を焼いた独特の菓子。口当たりがとても柔らかで、手をかけ過ぎない鄙びた風情です。吉野の近く、大宇陀の山里にある菓子屋の名物。

四月二九日

菓■桜《さくら》 水《みず》—亀廣保（京都烏丸御池）
器■羽觴 林美木子作 現代

洛南の城南宮で曲水の宴が行なわれる日。羽觴《うしょう》は古の日本人が勘違いして作りだした道具で、お酒を入れて、これが流れてくるまでに歌を詠みます。本家の中国では羽のように軽い盃を意味しました。

四月三〇日

菓■総花《そうばな》
器■都をどり団子皿　清水六兵衛作　明治時代

ひと月続いた都をどりも今日まで。最後は総花で〆ましょう。いろいろな菓子屋の桜の菓子を集めて盛りつけてみました。これほど種々の意匠があります。

和菓子の世界　二

分類・用語集

和菓子は、それぞれの店ごとに材料や製法が異なり、それによって水分量が変わるので、必ずしもここでの分類通りにはなりません。おおまかに、代表的な分類としてまとめています。ひとつの和菓子に対しても、「素材による分類」「製法による分類」などがあり、厳密にわけられるものではありません。一子相伝でよそに製法が伝わらないということもありますが、特定の菓子屋で名高くなった菓子を、ほかの店がそのままの形で真似ることを避けてきたという奥ゆかしい習慣から、和菓子のバラエティ豊かな世界が広がったのでしょう。

いろいろな和菓子

■**上菓子**　茶席に限らず、おもてなしの場で出したり、贈答品に使われる上等な菓子の意で使われることが多いが、京都ではもともと「献上菓子」のこと。

■**上生菓子**　生菓子のうち、茶席で使われる蒸菓子などの菓子。こなし、練切、求肥、きんとんなどが主に使われる。

■**お留め菓子**　狭義には皇室、大名や公家など、広義には数寄者なども含め、定められた注文主のためだけに作る菓子。

■**好み菓子**　もともとは、単に好んで使ったという意味ではなく、大名や茶人がディレクションして作った和菓子。江戸時代中期以降のもの。

■**朝生菓子**　生菓子のうち、その日の朝に作られ、その日のうちに食べる、日持ちがしない餅や団子、葛菓子、小麦饅頭など。日常のおやつが多く、並生菓子とも言う。

■**番茶菓子**　普段の番茶に添えるような菓子を指す俗語。饅頭、団子、煎餅など。

■**干支菓子**　年末ごろから作られる、新年の干支にちなんで様々に作られる菓子。

■**お題菓子**　宮中歌会始の、その年の勅題にちなんだ創作菓子。店によって様々な意匠で作られ、初春の茶会によく使われる。

■**嘉祥菓子**　陰暦六月一六日に餅や菓子を食べ、災いを避ける嘉祥の祝いは、嘉祥と改元（八四八年）したときの祭に由来するとされる。江戸末期の宮中では七種（一＋六）の菓子が食べられ、記録をもとにとらやが再現している（伊賀餅・味噌松風・浅路飴・武蔵野・源氏籬・桔梗餅・豊岡の里）。現在、六月一六日は「和菓子の日」［七四頁］。

■**引き菓子**　祝儀、不祝儀の引き出物の菓子。式菓子、祝儀菓子、不祝儀菓子とも言う。

■**工芸菓子**（**糖芸菓子**）　生砂糖などを使って花鳥風月などを写した姿形の飾り菓子。江戸時代に朝廷や公家に献上したのがはじまり。

■**三大銘菓**　異説もあるが、金沢・長生殿、長岡・越乃雪、松江・山川が一般的。茶人大名の城下町で、日持ちがする干菓子という共通点があり、都会の茶人が土産として持ち帰り振る舞ったことから広まったのだろう。

和菓子の材料

豆類

○**小豆**　和菓子作りに欠かせない赤褐色の豆。中国原産で、日本にも古くに渡来したと言われる。粒が大きい順に、大納言、中納言、少納言と呼ばれる。京都丹波産が有名な大納言小豆は大粒で皮が柔らかく、風味が良いので上菓子によく使われる。赤い色が邪気を払うと考えられてきた。

○**白小豆**　白餡に使われる乳白色の小豆。現在は生産量が少なく、高級品。岡山県産（備中白小豆）が有名。

○**手亡（白インゲン豆）**　インゲンマメの一種。白餡の材料になるほか、甘納豆などにも用いられる。

○**福白金時**　インゲンマメの一種。手亡とともに白餡に使われる。

○**ずんだ（青豆、枝豆）**　若い大豆である枝豆をすり潰した餡。宮城県や山形県の郷土菓子に用いられる。

砂糖類

さとうきび

含蜜糖

さとうきび汁に石灰を加え、漉して濃縮し、固まらせたもの。蜜を分離させていない。

○**白下糖**　小さな粒子の混じったペースト状の黄褐色の砂糖。和三盆糖の原料。

○**黒砂糖**　精製されていない黒褐色の塊状、あるいはそれを砕いた強い香りの砂糖。江戸時代初期に中国から沖縄に製法が伝わった。黒砂糖を使った菓子は産地の奄美大島から「大島」の名がつく。

分蜜糖

さとうきびの糖液を濃縮させ、結晶と糖蜜に分離させた砂糖。これを精製したものが精製糖。

○**上白糖**　いわゆる白砂糖。粒が小さく溶けやすい。

○**中白糖**　上白糖よりやや甘く、淡黄色。

○**三温糖**　純度が低く、黄褐色で甘味が濃厚。

○**和三盆糖**　日本特有の製法で作られる香川や徳島の特産品。中国から輸入していた三盆白を、江戸中期に国産化に成功したもの。白下糖を袋に入れ、水を打って揉み、絞って揉むという作業を繰り返し、天日干しする。粒子が細かく、適度な湿り気で口溶けが良く上品で、高級和菓子の材料となる。

○**白双糖・中双糖（ざらめ）**　結晶が大きいざらめ糖のうち、白色のものが白双糖、カラメルで色付けしたものが中双糖。

ほか

○**水飴**　ジャガイモやトウモロコシなどの澱粉を糖化させて作った液状の飴。生地に加えて甘味と艶を出す。

○**甘葛（あまずら）**　日本で最も古い甘味料。「つばいもちゐ」などに使われたとされ、蔦の根から採った汁と言われる。

粉類

餅米

○**餅粉**　餅米を生のまま洗って乾燥させ、製粉したもの。風味がよくなめらか。練切や求肥に使う。

○**道明寺粉**　餅米を洗って水につけ、水気を切って蒸し、よく乾燥させた干し飯を、粗く挽いたもの。大阪河内の道明寺で古くから作られていた。桜餅など。

○**白玉粉（寒晒し粉）**　餅米を洗って水につけ、水を切ったあと、水を加えながら石臼で挽き、寒中に何日も水に晒して、脱水後に乾燥させたもの。寒晒し粉や観心寺粉とも言う。白玉団子や求肥に使う。

○**寒梅粉（みじん粉）**　餅米を洗って水につけ、水気を切って蒸して搗いて餅にし、ごく薄くのばして白く焼いて、粉末にしたもの。梅の咲く頃に作るので名づけられた。打ち物、押し物の主原料。関西では寒梅粉、関東ではみじん粉と呼び、篩にかけた、より細かい上みじん粉を寒梅粉と呼ぶ場合もある。

○**新引粉（煎粉）**　餅米を洗い、水につけて、水を切って蒸し、乾燥したものを粉砕して、煎ったもの。押し物やおこしなどに使われる。

粳米

○**上新粉**　生の粳米を洗って乾燥させ、製粉したもの。歯ごたえが良く、生なので長期保存には向かない。粗いものは新粉、より細かいものや関西での呼び方を上用粉と言い、薯蕷饅頭などに使う。

○軽羹粉　粳米を洗って水気を切り、粗く砕いたもの。軽羹の主原料。

ほか

○きな粉　大豆を焦がさない程度に煎って挽いたもの。浅めに煎ったものは洲浜粉になる。

○青きな粉（鶯粉）　青大豆を煎り、粉砕したもの。鶯餅などに用いる。

○麦こがし（はったい粉）　大麦を煎って粉にしたもの。麦落雁などに用いる。

○小麦粉　和菓子には薄力粉がよく使われる。

○片栗粉　片栗の地下茎から採る澱粉。現在は主にジャガイモから採る。

○葛粉　葛の根から採る澱粉。奈良の吉野葛が有名。冷やすと白濁する。粽、葛饅頭などに使われる。

○蕨粉　春の山菜、蕨の地下茎から精製した澱粉。特有の粘りがある。近年は生産量が少なく、高価になっている。

○蕎麦粉　蕎麦の実を挽いた粉。蕎麦饅頭や蕎麦ぼうろに使われる。

その他の材料

○寒天　テングサなどの海藻を煮溶かして抽出した液を固めたトコロテンを凍結乾燥させたもの。江戸時代に製法が生まれた。

○薯蕷　つくね芋、大和芋などの、粘り気が強い山芋のこと。すりおろして薯蕷生地や餡のつなぎに用いる。

○味噌　砂糖をふんだんに使うようになる前は、味噌の甘じょっぱさがよく使われた。白味噌は味噌餡の材料になる。味噌松風や花びら餅に用いる。

○柿、栗　炉開きに新茶を届ける茶師は、祝儀として栗や干し柿を持参する習慣があった。干し柿は和菓子の基本で、茶席の菓子は「干し柿の甘さを越えぬように」という言葉もある。

○柚子　皮や果肉を使い、味や風味をつける。冬場に大切な香。

中間素材

餡

○粒餡　小豆に砂糖を加えて煮て作る。粒を潰したものは潰し餡とも言う。

○漉し餡　煮た小豆を漉して水に晒し、さらに砂糖と練り上げたもの。

○白餡　白い餡。白小豆は高価なので、現在は白インゲン豆（手亡）を使って作られることが多い。紅餡、黄身餡のベースになる。

○鶯餡　青エンドウ豆を煮て、潰し、砂糖と混ぜて練り上げたもの。

○紅餡　白餡に食紅などで色をつけたもの。

○黄身餡　白餡に茹でて裏ごしした卵黄または生の卵黄を混ぜて、火にかけて練り上げる黄色い餡。

○大島餡　黒砂糖を使った餡。産地の奄美大島に由来。

○味噌餡　白味噌と白餡を練り上げたもの。

○薯蕷餡　山芋を蒸して裏ごしし、砂糖を加えて練り上げた餡。練り薯蕷餡とも言う。

ほか

○練切　白餡にみじん粉や求肥などのつなぎを加え、練り上げて作る。山芋を加えると薯蕷練切。さまざまに成形して上生菓子にする、花形素材の一つ。関西の主流はこなしであるのに対して、練切は関東に多い。

○こなし　白餡に小麦粉や上用粉などを加えて蒸し、熱いうちに砂糖を加えながらよくもみこんだ生地または餡。練切と同じくさまざまな形の上生菓子を作る生地になる。むっちりとした独特の弾力があり、練切よりあっさりした味。京都を中心に、関西で作られ、とらやでは、蒸羊羹から変形したことから羊羹製と呼ぶ。

○すり蜜　砂糖と水を煮詰め、冷ましてからすって白くしたもの。煎餅の上からかけるなどして使う。

○氷餅　餅米を粉砕して煮たあと、型に流して凍結し、紙に包んで乾燥させたもの。寒い時期に作られる。薄く剝がれるので、砕いて仕上げのまぶし粉として霜を表現するなど、アクセントに使われる。

○メレンゲ　卵白と砂糖を固く泡立てたもの。洋菓子だけでなく、和菓子でも使われる。

○みたらし　砂糖醤油を煮詰めた、みりん仕立ての甘辛いタレ。糺の森の御手洗池の泡に見立てた団子が由来と言われる。御手洗の泡の涼しさから、暑気払いに食べられた。

生菓子

出来上がりの水分が30%以上のもの。日持ちせず、茶席では濃茶用の主菓子として使われる。

餅菓子

餅米に砂糖と水を加えて混ぜ、蒸してから搗いたり練ったりしたもの。上新粉を加えることもある。よく伸びて柔らかく、繊細な口当たり。餅は稲作とともに東南アジアから伝わった。平安時代には、行事や節句には欠かせない食べ物であり、甘い菓子としては砂糖の生産が始まった江戸時代に広く普及した。餅米以外にも、米、粟、葛などでも作られる。

米を使った餅菓子

○**花びら餅**　丸く平らにした餅に赤い菱餅を重ね、押し鮎に見立てて煮た牛蒡を置き、味噌餡とともに包んだもの。

○**鶯餅**　餅や求肥で餡を包み、青きな粉や青海苔をまぶしたもの。両端をつまんだ形にすることが多い。

○**椿餅**　餅を椿の葉二枚で挟んだもの。『源氏物語』『宇津保物語』『藻塩草』などに登場する「つばいもちゐ」が原型の古い菓子。ふつうは道明寺粉で餅菓子として作ることが多いが、名古屋の方では漉し餡を羽二重餅でくるみ、寒天をかけて、柔らかいみずみずしい菓子として作ることが多い。

○**草餅**　春を代表する餅菓子。茹でた蓬を餅に搗き混ぜる。かつてはゴギョウ（ハハコグサ）が使われていた。

○**おはぎ（牡丹餅）**　餅を小豆餡で包んだもの。春の彼岸には牡丹餅、秋の彼岸にはおはぎと呼ぶ。おはぎは女房詞に由来。

○**桜餅**　江戸の桜の名所、向島の隅田川堤にある長命寺の門番が考案したと言われる。関東では水で溶いた小麦粉を平鍋で薄く焼いた生地、関西では道明寺粉の餅で餡を包み、塩漬けにした大島桜の葉で挟む。

○**柏餅**　上新粉の餅を二つ折りにし、味噌餡や小豆餡を挟む。江戸時代に登場。柏の葉は枯れても新芽が出るまで落ちないので家系が絶えないという縁起物で、端午の節句に食べられる。西日本では、山帰来の葉が使われることも。

○**亥の子餅**　陰暦一〇月の最初の亥の日の玄猪の祝いで亥の刻に食べて無病息災を願った菓子。多産の亥にもちなみ、火除の意味もあった。「おまんやさん」では、ゆで小豆を搗き入れた餅で餡を包んだものが一般的。上菓子屋ではうり坊の形に作ったり、きな粉や胡麻を散らしたり、さまざまな形で作られる。

○**団子**　上新粉や白玉粉に水を混ぜて捏ね、丸めて蒸したり茹でたりして作る。唐菓子の「団喜」が由来と言われる。

○**花見団子**　ピンク、緑、白の米粉団子を串刺しにしたもの。茶席ではこなしを用いて、品良く小ぶりなサイズで作られることが多い。

○**月見団子**　十五夜に供える団子。一般には、加熱した餅粉を丸めて蒸し上げ、餡で包んだもの。上菓子屋では芋名月にちなみ、片側を尖らせた楕円形の餅を漉し餡で覆う事が多い。

○**柚餅子**　果肉をくり抜いた柚子の中に、餅粉、上新粉や刻んだ胡桃を混ぜ、砂糖や味噌で味付けして蒸したもの。

○**大福**　餅米、砂糖、塩に水を加えながら捏ね、蒸してからさらに捏ねた皮で餡を包んだもの。塩餡の腹太餅が、小さく甘い菓子になり、寛政年間に火鉢で温めて売る方式によって広まった。

○**すあま**　上新粉に湯を入れて蒸し、砂糖を加えて作る餅菓子。控えめな甘さで、おもに東日本で作られる。

○**しんこ（新粉・糝粉）**　上新粉を水で捏ねて蒸したり茹でたりして、搗いた餅。唐菓子の索餅が原型と言われる。棒状にしてねじった形が多いが、祭や縁日では着色してさまざまな形にした細工菓子が人気を博した。

○**求肥**　白玉粉や餅粉に水を加えて捏ねて蒸し、砂糖や水飴を加えて加熱しながら練ったもの。中国からは牛のなめし皮にたとえた「牛皮」として伝えられたが、獣肉を忌んだ日本では求肥という字が当てられたと言われる。きめ細やかな口当たりの餅状の生地。

○**羽二重**　粒子の細かい餅粉（羽二重粉とも言う）を水で練って蒸し、砂糖、水飴などを加えてなめらかに練り上げたもの。優しく上品な味。福井県の名産だが、京都では餡を包んで上生菓子としても使われる。

それ以外の餅菓子

○**粽**　羊羹や外郎、葛などを涙型にし、笹の葉でぐるぐる巻いて蒸したもの。中国・楚の屈原への供え物を原型とし、平安時代に伝わり、厄除けも兼ねて端午の節句の祝い菓子になった。古くは餅米の餅が使われた。

○**葛餅**　関西では、葛粉に水と砂糖を加えて火にかけてよく練り、型に入れて冷やした半透明のもの。関東のくず餅は、小麦澱粉で作られ、きな粉と黒蜜をかけて食べる。

○**蕨餅**　蕨粉に水と砂糖を加え、火にかけて練り、流し固めて小さく切ったもの。初夏の高級和菓子としては、蕨粉を練った生地をきな粉の中に落とし、小分けにして餡を包み、丸く形づくってきな粉をまぶしたもの。黒味を帯び、葛よりコクと弾力に富むが、中京地方では、ぼてっと柔らかな蕨餅が多い。本蕨粉は生産量が少なく高価なので、現在は本蕨粉だけで作られる蕨餅は大変少ない。

○**栗餅**　糯栗を蒸して搗き、砂糖ときな粉をまぶしたもの。

○**外郎（外良）** 砂糖を煮溶かし、上新粉や葛粉を入れて蒸したもの。あっさりした甘味で、棹物だけでなく、餡を包む外郎皮として上生菓子に使われる。むちむちしながらも、口当たりはあっさり。応安年間に薬として伝えた陳宗敬の日本での呼称に由来すると言われる。

饅頭

小麦粉を捏ねて蒸籠で蒸したもの。中国の饅頭（マントウ）が伝来したものと言われるが、聖一国師が伝えた虎屋饅頭（酒饅頭）と林浄因が伝えた塩瀬饅頭（薯蕷饅頭）のふたつの説、あるいは系統がある。当初は塩味や味噌味が一般的だったが、室町時代には砂糖饅頭も食べられるようになった。

○**薯蕷饅頭** 加熱すると膨らむ山芋（つくね芋、大和芋）の性質を利用し、山芋をすりおろし、砂糖と上用粉を加えて蒸した饅頭。饅頭の中でも高級品とされ、「上用饅頭」という字を当てることも。古くからあり、見た目の豪華さはないが、どこにでもある分、芋の香り、蒸し加減がたいへん難しく、店ごとの差が際立つ、手間のかかるご馳走といえる。手で千切ってふかふかの触感を味わうのも楽しい。

○**織部饅頭** 緑色と焼き印で、織部焼の風情を模した薯蕷饅頭。

○**酒饅頭** 小麦粉と麹を使った皮で餡を包み蒸した饅頭。鎌倉時代に中国へ留学した聖一国師によって伝えられたと言われる。虎屋饅頭とは酒饅頭のこと。蒸したてのものが冬場の茶席で喜ばれる。

○**朧饅頭** 薄皮饅頭の表面の皮をむいた饅頭。

○**利休饅頭** 黒糖風味の皮で餡を包んだ小ぶりの饅頭。色や素朴さから利休にちなんだもの。

○**揚げ饅頭** 平たく作った饅頭を揚げたもの。

○**麩饅頭** 捏ねた小麦粉を水に晒してグルテンだけにした生地に、蓬などを加え、餡を包んだもの。もとは料理の一品として、味噌などの具が入れられていて、のちに菓子になった。

○**葛饅頭** 葛粉に水と砂糖を加えて練って返した皮で餡を包んだもの。夏に欠かせない菓子。水饅頭、水仙饅頭とも言う。

羊羹

はじめは葛粉や小麦粉を使った蒸羊羹が作られていたが、一七世紀半ばに寒天が製造されてからは、寒天を溶かし、餡と砂糖を加えて練った練羊羹が発達していく。もとは禅僧により中国から伝えられた点心の「羊の羹（スープ）」が、肉の代わりに小豆を使って、変化したものと言われる。

○**蒸羊羹** 餡に小麦粉や葛粉を混ぜ、枠に流して蒸し固めたもの。古くは練羊羹より一般的で、素朴な味。蜜漬けした新栗を練り込み、竹の皮ごと蒸し固めた栗蒸羊羹が有名。

○**練羊羹** 煮た小豆の中身の水気を切り、寒天を入れた生地を練って、型に入れて作る。濃厚な味わい。現在一般的に出回っている羊羹。

○**水羊羹** 寒天と餡に砂糖と場合によっては葛粉を混ぜ、火を通して練り、型に入れて蒸したもの。涼しげな夏の代表的な和菓子で、青葉を添えて出されることが多い。

○**芋羊羹** 薩摩芋と砂糖、寒天を使った羊羹。

○**薯蕷羹** 薯蕷練切に寒天を加えて練り固めたもの。

○**錦玉（羹）** 煮溶かした寒天液に砂糖や水飴を加えて煮詰め、流し箱に入れて冷やし固めたもの。「金玉」「琥珀」とも言う。透明感があって涼しげなので夏に使う。別名、あるいはくちなしの実などで琥珀色に染めたものを琥珀羹と呼ぶ。

○**淡雪羹** 泡立てた卵白を砂糖、寒天に混ぜて固めた棹物。泡雪羹とも言う。

○**栗羹（上南羹）** 寒天と砂糖を煮溶かした液にみじん粉や上新粉を加え、黄色い色素で、栗の色と食感を再現したもの。夏に炭酸が好まれるように、口の中で弾ける感覚が夏に合う。

ほか

○**葛練り** 葛を練りながら火を通す。独特の食感。

○**葛切り** 葛粉を水で溶き、鍋に薄く流して湯煎して固め、細く切って黒蜜で食べる。夏の菓子。

○**葛焼き** 葛をやや固めに練って形を整え、六方を焼いたもの。餡を入れたものもある。

○**きんとん** 漉し餡や着色した白餡を篩でそぼろにし、細箸で一つひとつ餡玉に栗のいがのようにまぶしたもの。太いものは竹、細いものは馬の毛の篩を使って漉し、太さや色目で様々な表現をする。山芋を使うと薯蕷きんとん。小麦粉に砂糖や餡を加えた唐菓子の「こんとん」が由来と言われる。華やかで、できたてつけたてがご馳走になる菓子。関東では、茶巾絞りにしたものを指すこともある。

○**軽羹** 長芋や山芋をすりおろし、軽羹粉や砂糖などを混ぜてしっとりと蒸し上げたもの。鹿児島の銘菓。

○**浮島** 卵黄と餡を混ぜ、卵白と砂糖で作ったメレンゲを合わせ、小麦粉を加えて枠に流して蒸したもの。洋菓子のスポンジ生地をさらにしっとりさせたような食感。

○**黄身しぐれ** 白餡に卵黄とみじん粉を入れた生地で餡を包み、蒸した菓子。いびつに焼きはぜた風情。

干菓子

出来上がりの水分が10%以下のもの。日持ちし、茶席では薄茶と合わせる。惣菓子とも言う。

打ち物

砂糖と寒梅粉（みじん粉）やはったい粉などに少量の水をもみ混ぜて種を作り、木型に詰めて乾燥させ、打ち出した干菓子。片栗粉を加えたものを「片栗」、つくね芋をつなぎにしたものは「芋つなぎ」と言う。和三盆だけのものはピンと角が立つ。

○**落雁**　餅米や麦などの穀物の粉を砂糖と混ぜ、木型に詰めて打ち出したもの。黒胡麻を振ったさまから名づけられたとも言われる。

押し物

砂糖と寒梅粉（みじん粉）などの打ち物の材料を、棹型や木枠に詰めて押して作る。打ち物より水分量が多い。

○**塩釜**　みじん粉、砂糖、塩、塩漬けの紫蘇の葉を押し固めたもの。宮城県塩竈の名物だが、全国で作られる。

○**白雪糕**　砂糖と米粉と餅粉を型で押してから蒸して作るもの。かつては水で溶いて母乳の代わりにされていたとも言われる。

掛け物

豆やあられなどの上に、砂糖やすり蜜などの衣をかけたもの。砂糖漬けを含めることも。

○**松露（石衣）**　丸めた餡にすり蜜をかけた半生菓子。初夏の松林に生える松露茸が名前の由来。

○**金平糖**　ざらめを芯にして、回転させた釜の中で糖蜜をふりかけながら火を入れ、角をつけたもの。もとはポルトガルから伝来した南蛮菓子。江戸時代の長崎で作られるようになった。

○**砂糖漬け**　野菜や果物などを蜜で煮て、砂糖をまぶしたもの。はじめは輸入されていたが、元禄年間に長崎に「御漬物所」ができ、長崎名物として砂糖漬けが作られるようになった。

焼き物（干菓子）

○**米菓**　米粉や餅米粉が主原料のあられ、おかき、塩煎餅など。餅米粉を使って焼いた煎餅は、羊羹や餡を挟むと「色紙」「最中」になる。

○**ぼうろ**　小麦粉に卵、砂糖などを加えて焼いたもの。南蛮菓子に由来。

○**かるめいら（カルメラ）**　砂糖に水と卵白を加えて煮詰め、泡立てたあと、冷ましていろいろに切ったもの。

○**種煎餅（麩焼き煎餅）**　小麦粉を水で溶いて焼き、味噌などを塗って食べる。二枚にそぎ切りにして合わせたり、糖蜜や焼き印で飾ったりして、茶席の干菓子に用いられる。さくさくと軽い食感。

○**おこし**　餅米を煎り、砂糖をまぶして型に入れた「おこし米」が原型とかんがえられる。

○**けんぴ（巻）**　「犬皮」「乾干」と書く、小麦粉を使った焼き菓子。

揚げ物

○**かりんとう**　小麦粉に砂糖などを加えて捏ね、油で揚げて砂糖を掛けて乾燥させたもの。江戸時代後期から親しまれている。

飴物

○**有平糖**　室町末期にポルトガルから伝来した南蛮菓子。砂糖に水を加え、煮詰めて冷まし、色をつけて棒状にし、手ですばやく結んだり捻ったりして形を作り、飴菓子にしたもの。

○**金花糖**　有平糖を模して江戸時代に作られた砂糖菓子。砂糖を溶かして木型に入れて形作ったもの。

豆菓子

○**大徳寺納豆**　大豆を発酵させて塩水に漬け、天日干ししたもの。大陸から伝わり、大徳寺で多く作られた。しょっぱさと渋さが郷愁の味。

ほか

○**生砂糖（雲平）**　砂糖と寒梅粉を練ったもの。薄くのばし、型抜きして乾燥させて干菓子に使われる。関東では雲平とも呼ばれる。工芸菓子にも用いられ、片栗粉を混ぜたものを雲錦、または片栗物という。

半生菓子

干菓子と生菓子の中間のもの。

○**寒氷（すり琥珀）**　煮溶かした寒天に砂糖を加えて、すって糖化させ、なめらかな甘さに固めた半生菓子。外側はシャリシャリ、中は柔らか。涼やかで夏によく使われる。

○**村雨・時雨・湿粉**　餡と米粉と砂糖などを混ぜ、篩で漉し、そぼろ状にして押し固めたり蒸したりしたもの。朝鮮出兵のときに伝わった高麗餅が変形したものと言われる。生地の名前でもあり、菓子の名前でもある。とらやでは湿粉製と呼ぶ。

おか物

中間素材を加熱せず、組み合わせて成形したもの。

○**洲浜**　きな粉より浅めに煎って挽いた洲浜粉に砂糖、水飴などを加えて捏ねた菓子。棹物にして切り口を有職の洲浜台の形に作ることからついた名前。

○**最中**　餡を薄い餅米粉の煎餅で挟んだ菓子。「水の面にてる月なみを数ふれば今宵ぞ秋のも中なりける」（源順『拾遺和歌集』）が語源で、はじめは円形だったと考えられる。

○**鹿の子**　餡玉のまわりに蜜漬けした小豆や栗をつけたもの。鹿の背中のまだら模様にたとえて名付けられた。とくに、栗が収穫される秋に作られる栗鹿の子が有名。

焼き物（生菓子～半生菓子）

○**麩の焼き**　小麦粉を水で溶いて、クレープのように平鍋で薄く焼いて味噌を塗ったもの。『御前菓子秘伝抄』には、山椒味噌、刻んだ胡桃、白砂糖、芥子の実を入れるとある。利休も好んだと言われ、作りたてを食べる。

○**どら焼き（三笠）**　小麦粉と卵、砂糖を使った小ぶりの生地で餡を挟んだもの。現在の形になったのは明治以降。関西では三笠と呼ばれる。

○**金つば**　薄い粳米の皮で小豆餡を包み、一文字鍋（鉄板）の上で焼いた、京都の焼餅「銀つば」がもと。江戸にわたり、小麦粉皮に変わった。

○**松風**　小麦粉に砂糖を加えた生地を焼き上げたもの。米粉を加えたり、とくに京都では白味噌を加えた味噌松風が有名で、戦国時代の兵糧が起源とされる。表に芥子や黒胡麻がふられ、名前の由来は裏には何もないところから、松風の音ばかりで裏（浦）寂しいという説もある。店によって製法がさまざまで、堅い煎餅状のものから、しっとりむっちりしたものまである。

○**カステラ**　小麦粉、卵、砂糖に現在では水飴などを加えてしっとり焼き上げたもの。天正年間にポルトガル人が伝えた南蛮菓子。

○**桃山**　白餡に卵黄、寒梅粉、水飴などを加えて、よく練って型で成形して天板で焼いたもの。中に餡などを包む。

○**調布**　小麦粉、卵、砂糖を溶いて一文字鍋（鉄板）で焼いた皮で求肥の餅を巻いたもの。律令制の時代に「調」として納められた「布」が由来。夏に作られる鮎、若鮎という名前の菓子が有名。

○**栗饅頭**　白餡に栗を入れ、上面に卵黄で焼き目をつけて、栗を模した饅頭。

仕上げや形の用語

○**焼き印**　和菓子においては、抽象化した焼き印を入れることで、ものを語るという意味があり、重要な要素。

○**腰高**　背が高めの饅頭を腰高饅頭と言い、上品で格が出る形。

○**山道**　こなしや餡の棹物を、山道のいびつな感じにギュッと押して形作ったもの。

○**小口切り**　棹物を食べるときの通常の切り方。端から順に切る。

○**拍子木切り**　拍子木のように、細長い四角柱に切る。

○**茶巾絞り**　小豆や芋などの餡を茶巾やふきんで包み、端をひねって絞り目をつけたもの。

○**細工もの**　こなしや練切を細工して様々な形に表現したもの。職人の手と補助的にヘラを使うだけで形作る生菓子は、手形ものとも言われる。

○**竹流し**　青竹の中に水羊羹を流し、冷やして食べる。竹を手にとったときのひんやりとした触感からご馳走。もとは葛羊羹を入れていた。

○**型流し**　木型で作る、こなし、練切製の型もの。

○**棹物**　細長い棒状に固めた菓子の総称。羊羹や外郎、錦玉羹など。

○**畳み物**　こなしや練切を板状にしたものや麩の焼きなどを畳んで、なかの餡を包んだもの。

○**小田巻**　餡や練切を細く糸状に出す道具。中京地方ではきんとんに使われることが多い。

○**そぼろ**　餡を着色して裏ごしして細かくしたもの。

五月

皐月《さつき》
雨月《うげつ》
早苗月《さなえづき》
橘月《たちばなづき》
梅月《ばいげつ》
茂林《もりん》

五月は、端午の節句の粽《ちまき》、柏餅に始まります。新緑の季節ですので、笹の若葉、青葉を使った菓子が好まれます。桜が終わると、とたんに野原に様々な草花が咲き誇ります。茶席でも、五月以降の風炉の時期は、あまたの草花を籠に入れはじめます。自然の景色を読み込んで意匠化するのが和菓子の真骨頂ですから、花の数が増える時期は、当然、作られる菓子の種類も増えていきます。咲く順番に、藤に卯の花、それから杜若・菖蒲、岩躑躅。松葉が生え替わる時期でもあり、わざと落ち葉色の松葉を使うのも洒落ています。鳥ではホトトギスとツバメが決まりのように用いられます。

行事

端午　初風炉　若葉　杜鵑　初鰹

主菓子

青梅　青柳重　あやめ餅　苺餅　藺粽　岩根つつじ　卯の花
卯の花垣　おとし文　杜若　柏餅　加茂山　御所餅　笹餅
五月雨　菖蒲餅　粽（各種）　遠山餅　苗代餅　濡れ燕
野あざみ　初鰹　花あやめ　花菖蒲　飛燕　富貴餅　藤浪
藤の花　二葉餅　紅あざみ　時鳥　麦代餅　矢筈餅　羊羹粽
よもぎ餅

干菓子

青楓　青柳　あやめ　荒磯　杜若　観世水　切竹　菖蒲皮
如心松葉　蝶　長生殿　藤団子　とんぼ　花橘　瓢　蕗漬　藤
時鳥　松葉　鞠挟　水　八橋　山川

五月一日

菓■木《き》の芽《め》田楽《でんがく》―さゝま（東京駿河台下）
器■田楽箱　初代村瀬治兵衛作　昭和時代

蓬がすめば木の芽（山椒の若葉）です。木の芽の香には春の終りと、初夏のおとずれを思います。この時期の行楽地の茶店の料理として有名な、木の芽の味噌を塗った田楽の風情。求肥の餅を豆腐に見立てて、甘めの白味噌と木の芽を使った味噌を載せています。この「見立てる」というのが、和菓子の一つの方向性です。神田駿河台下、古書街の一角にある老舗の和菓子屋で、もとはパン屋だったそうです。松葉最中でも有名。

五月二日

菓■つつじ餅《もち》｜越後屋若狭（東京本所）
器■青磁盞　龍泉官窯　南宋時代

正月は若菜、春は若草、つぎは新緑。双葉、青葉を迎える前が躑躅の季節です。不思議なくらい、いたるところで見かける躑躅。若草を刻み入れた緑の求肥の餅で餡を包み、その周りに白と紫のごく細いそぼろをまぶして作っています。餡の塊のきんとんにせず、餅を入れているのが、ひと仕事というところではないでしょうか。龍泉官窯の器の青の美しさに、この菓子を添わせてみたいと思い立っての取り合わせでした。

五月三日

菓■柏餅《かしわもち》―岬屋（東京富ヶ谷）
器■宇佐神宮銅造供物器
彫銘「奉寄付　宇佐神社御宝前　源義朝」　平安時代末期

柏の葉に子孫繁栄の祈りをこめて。どこの菓子屋にもある柏餅ですが、味噌餡を入れるか漉し餡にするか。葉っぱが凜としているのが大事です。

五月四日

菓■みたらし団子《だんご》―加茂みたらし茶屋（京都下鴨）
器■銹絵重色紙皿　尾形乾山作　江戸時代

賀茂祭の禊の日。糺の森にある御手洗池の小さい泡を模したのが、御手洗団子と言われています。新粉餅の団子で、駄菓子のようなものですが、器と時期をうまく使えば喜ばれます。野点などのくつろいだ席で用いれば、何よりのご馳走となるでしょう。くだけた席に正式に過ぎる菓子は面白くないこともあります。上菓子と茶店の菓子、その都度どちらに針を振るかが腕の揮いどころで、危うきに遊ぶところも。

五月五日

菓■水仙粽《すいせんちまき》　羊羹粽《ようかんちまき》｜川端道喜（京都北山）
器■龍泉窯青磁十二稜大皿　明時代

立夏。端午。粽が端午の菓子となったのは、反骨の人・楚の屈原の故事によります。粽は餅製が本当ですが、より美味しく涼やかであるようにと葛を使った粽です。水仙粽は葛と砂糖だけ、羊羹粽は葛羊羹のことで、漉し餡を練り込んでいます。物理的な冷たさより、ふるふるとした食感自体が、涼を呼ぶ口当たりということでしょう。笹が白くなっているのは、この笹にくるんで、香りもうつしながら蒸し上げている証拠です。知らなければかえって雑でものが悪いように思うようなことも、わかっていればそれがご馳走になるということでしょうか。

五月六日

菓■轡《くつわ》 手綱《たづな》 亀屋伊織(京都二条)
器■珠光所持唐物松ノ木盆写 益田鈍翁直書 大徳寺龍光院伝来本歌ニ添 明治時代

上賀茂神社の競馬会神事《くらべうまえしんじ》は昨日。今日、騎者たちは仲直りするため貴船神社へ詣でます。賀茂競馬のときに参道をうめつくす多くの人が、今か今かと待っても、「埒竹」のゲートがあかないことが、「埒があかない」の語源になりました。昔の茶人は、この埒竹を競って持ち帰り、茶杓に削ったり、花入れに伐《き》ったりして使ったものです。日本における競馬のもとです。

五月七日

菓■本饅頭《ほんまんじゅう》—塩瀬総本家（東京築地）
器■呉須赤絵兜鉢　明時代末期

家康がこの饅頭を兜に盛り、戦勝を祈願したこと（長篠の合戦の故事）から、兜饅頭の異称をもつ古き菓子。黒い薄皮の中は、漉し餡にさらに大納言の粒餡が混ぜられた合わせ餡になっています。ごく薄い皮なので、餡がゴツゴツと見えるところが鉄の兜の風情を思わせることからこの名がついたとも言われています。塩瀬総本家が将軍家御用で作り続けてきた名物で、当店で買わないと意味がない菓子です。

五月八日

菓■都鳥《みやこどり》｜岬屋（東京富ヶ谷）
器■七官青磁雲形向付　明時代

「名にし負はばいざ言問はむ都鳥我が思ふ人はありやなしやと」（在原業平）。隅田川は旅愁を誘う場所でした。都鳥をかたどった薯蕷饅頭で、尾を焦がし、目をつけて、嘴は紅を染めて、形が少し不揃いなところに愛嬌があると思います。本来は春に作られている菓子ですが、業平の東下りに思いを寄せて。

五月九日

菓■藤団子《とうだんご》―きよめ餅総本家（名古屋）
器■唐物松ノ木盆
村田珠光・津田宗及所持　大徳寺龍光院伝来　明時代

麻糸で結わえた五色の砂糖菓子の環。藤の花房に見立てていて、熱田神宮の神祇歌「桜花散りなむのちのかたみには松にかかれる藤をたのまん」がもとになっているとも言われています。京都の祇園祭で茅輪を厄除けにするのと同じく、古くは門口に掛けて厄除けにもしたそうで、神饌に原型をもつと言われる、歴史のある縁起菓子です。

五月一〇日

菓■ふじ―川端道喜（京都北山）

器■康熙五彩唐子文鉢　清時代初期

白藤と紫と。頑是ない幼子のような。餅をねじりはちまきのようにねじり、そこに煎粉《いらこ》をつけて、藤の花に見立てた菓子です。

五月一一日

菓■唐衣《からごろも》―末富（京都四条烏丸）
器■古染付芙蓉手兜鉢　明時代末期

「唐衣着つつ馴れにし妻しあればはるばる来ぬる旅をしぞ思ふ」（在原業平）。畳み物の菓子の代名詞と言ってもいい銘菓です。漉し餡を四角い餅で畳んだだけで杜若を表し、それが十二単の唐衣にも見える。「かきつばた」を詠み込んだ歌に対して、唐衣の風情、杜若の花の形と色という、三拍子そろった菓子です。

五月一二日

菓■阿《あ》ぶり餅《もち》――一文字屋和助（京都紫野）
器■光悦好雑木盆　木屑軒三好也二作　明治時代

紫野の鎮守、今宮神社の還幸祭。門前に茶店が二軒あり、どちらが贔屓か。年中売っていますが、やはり五月第二か第三日曜日の菓子です。餅を串の先にはりつけて、白味噌のタレ。これを食べながら、大徳寺の珠光餅を思い出すこともあります。名物というのは、食べて美味しいというだけではなくて、その菓子や土地の歴史やゆかりをいただくこと。

五月一三日

菓■初《はつ》かつを―美濃忠（名古屋）
器■古染付芙蓉手皿　明時代末期

「目には青葉山ほととぎす初鰹」（山口素堂）。鰹の刺身そのもの。一般的な棹物の切り方である「小口切り」ですが、糸をこより状に撚って使うことで、鰹の切り身のように縞模様が出ます。ふつうの羊羹だと硬いので、これだけの跡はつきません。柔らかな葛羊羹ならではの趣向。名作です。

五月一四日

菓■あやめ　流水《りゅうすい》—亀屋伊織（京都二条）
器■唐物輪花屈輪文盆　明時代末期

いずれあやめか杜若。水際の美しさはひとしおです。

五月一五日

菓■やきもち―神馬堂（京都上賀茂）
器■葵簾蒔絵菓子器　江戸時代

葵祭。上賀茂神社門前の名物として古い菓子で、古くは葵餅といいました。葵が大切な神社ですが、双葉が出ることにちなんで、両面を焦がして焼きます。そのため双葉餅との異称も。黒砂糖入りの粒餡が入れられていて、焼きたてをほおばると、とても美味しい菓子です。

五月一六日

菓■かきつばた――一幸庵（東京茗荷谷）
器■御室焼杜若文鉢　江戸時代

旅愁と恋情の花。花をかたどった、細工がかった練切の菓子。口の中に刺さりそうな細工の断ち方と細かさが、東京という気もします。京都の菓子屋はここまで形を作りこまないのではないでしょうか。東京を代表するよい菓子屋です。

五月一七日

菓■落《お》とし文《ぶみ》―塩芳軒（京都西陣）
器■古九谷桐文隅切皿　江戸時代初期

「音たてて落ちてみどりや落し文」（原石鼎）。新緑の時期に木の葉を巻いて卵を産みつける昆虫がいますが、それを昔の人は、うぐいすやホトトギスの「落とし文」と呼びました。それをかたどったこなし製の菓子で、色々な菓子屋が作り、葉の上に白い粒を載せていることもあります。昆虫の卵を模したなんて……という気がするのですが、茶席で見るとふしぎに愛らしく見えます。西陣界隈の商家や旧家などに愛されてきた老舗です。

五月一八日

菓■白雪糕《はくせっこう》―大黒屋（出雲崎）
器■唐物砂張輪花盆　明時代

良寛和尚が手紙に「白雪糕少々お恵みたまはりたく候」と書いたぐらい好んだ菓子で、さらりとした書風を思わせます。途絶えた製法を、昭和初期にときの主人が見出して、名物になりました。餅米の粉、米粉と砂糖を混ぜて押して、切って食べる干菓子です。米どころでもあり雪も降るこの土地を思わせる白さ。季節を問いませんが、葛でも寒天でもなく、さらりと溶ける感じが初夏を思わせるのでここで使いました。もちろん、寒中にも適します。

五月一九日

菓■上《あが》り羊羹《ようかん》｜美濃忠（名古屋）
器■祥瑞輪花松文皿　明時代末期

「上り」の名は尾張徳川家に献上したことから。淡白にしてなめらかな風味。外郎地の羊羹で、さわやかでなめらかな口当たりが上品で美味しい菓子です。

五月二〇日

菓■卯《う》の花巻《はなまき》｜二条駿河屋（京都二条新町）
器■古染付玉章鉢　明時代末期

「たつた河岸の籬を見わたせば井堰の波にまがふ卯の花」（西行）。新緑に映える卯の花。これぞ皐月です。塩茹でした胡桃を芯に、青いこなしと白雪糕を合わせて、直径一寸ばかりに巻き上げて小口切りにしてできた渦巻きです。新緑の緑に、卯の花の白、そして川辺の水の流れをイメージさせる、初夏の菓子。派手さはないけれど京都らしい佇まいの菓子屋で、表千家流の古い茶家、堀内家のお出入りなので、古くからの菓子が多く伝えられています。

五月二一日

菓■麦代《むぎて》餅《もち》―中村軒（京都桂）
器■古備前四方大皿　桃山時代

小満。そろそろ麦秋の頃でしょうか。麦の刈り取りや田植えで忙しいときに、農家の人たちが間食にしていた餅菓子が原型と言われています。その代金を収穫した麦で支払ったため「麦代餅」。粒餡を入れて、きな粉をかけたざんぐりとした麦代餅は、多くの菓子屋が作っています。現代ではほどよい大きさですが、もとは拳一個分ぐらいと大きかった。上品さを誇るものではないのですが、土の強さを思わせるので備前に載せました。

五月二二日

菓■早乙女《さおとめ》―花乃舎（桑名）
器■菊七宝透文木瓜鉢　野々村仁清作　東本願寺伝来　江戸時代

田植えの季節ですが、そのみずみずしい早苗の風情を湛えた一品です。赤い小豆が乙女そのもの。非常に繊細で、旅をさせられないという言葉がぴったりの菓子ですから、そこに愛しさがいや増します。瑞穂を思わせる菓子ですので、土物の器に映りがよいものです。

五月二三日

菓■ほととぎす　荒磯《あらいそ》―亀屋伊織（京都二条）
器■堆朱花鳥文盆　明時代

「卯の花の散るまで鳴くか子規」（正岡子規）。ホトトギスは子規、時鳥、不如帰とも書き、死出の旅路の道案内とも考えられていました。水の恋しい季節でもあるので、荒磯の波との取り合わせです。

五月二四日

菓■藤《ふじ》きんとん―太市（東京洗足）
器■七宝扇面巻子文長皿　明治時代

「手にかくるものにしあらば藤の花松よりまさる色を見ましや」（『源氏物語』竹河）。なんであろうとこの季節、白と紫の組み合わせが、すなわち「藤」。茶席の菓子を注文に応じて作る、茶人に愛される菓子屋です。

五月二五日

菓■時鳥《ほととぎす》―一幸庵（東京茗荷谷）
器■古九谷瓜文皿　江戸時代初期

夏を知らせるホトトギスの声。夜に啼くことから忍音とも。羽二重餅の天を焦がして、そこにホトトギスの焼き印を押して、大徳寺納豆をひと粒入れてあります。焦げた羽二重の風味と、大徳寺納豆の渋みが、どことなく初夏のホトトギスを思わせてゆかしい菓子です。

五月二六日

菓■躑躅《つつじ》　岩《いわ》—亀廣保（京都烏丸御池）
器■唐物砂張丸盆　明時代

岩根に咲く姿に、躑躅のつよさを思います。

五月二七日

菓■新樹《しんじゅ》もち―花乃舎（桑名）
器■祥瑞捻鉢　明時代末期

「あらたうと青葉若葉の日の光」（芭蕉）。「みず枝さす木々の若葉の朝風にすだちのすずめちちと鳴くなり」（通禧）。新緑の爽やかさは、花の盛りのあとだからこそ。茶席では青畳に替える時期です。白小豆を緑に染めた餡玉を葛で包み、蒸して透明な葛饅頭にするだけではなく、蒸し上げた直後に片栗粉を刷毛で刷いて、半透明にしています。その曇り具合が、五月の涼しさにふさわしい。形を作り過ぎないという魅力を伝える菓子です。

五月二八日

菓■業平傘《なりひらがさ》｜岬屋（東京富ヶ谷）
器■古丹波幕掛鉢　江戸時代初期

稀代の色男、在原業平の忌日。ニッキがぷんと薫る餡を麩の焼きで包んで、傘に見立てたものです。背後にある物語や銘に込められた意味を読み解く楽しさが、菓子にはあります。狂言の「業平餅」という演目で、業平が、被衣の内で勘がにぶって餅屋の不美人を口説いてしまい、お供の傘持ちに押し付けようとした。そのまま「業平餅」という銘ではないのも奥ゆかしく好ましい。雨が近い時期に。

五月二九日

菓■深山《みやま》の躑躅《つつじ》―太市（東京洗足）
器■三彩水禽文輪花皿　明時代

山深き処で会う優しさはまた格別です。浮島という素材で作られていて、卵黄が使われているのでしっとりしていて、ほどけ具合がとてもよい。緑と赤のみで、山の奥に咲く躑躅の色を表現しているのも見事です。太市の名物。

五月三〇日

菓■遠山餅《とおやまもち》—末富（京都四条烏丸）
器■浅黄交趾兜鉢　永楽即全作　昭和時代

皐月の野山は若葉色に。山頭火「分け入っても分け入っても青い山」を思って作られた菓子ですが、わずかに緑に染めた羽二重餅を横長の山形に整えただけの餅菓子です。それでも、この菓子に昔の人は山を思いました。遠くに霞んで見える新緑の山です。

五月三一日

菓■軒端《のきば》の月《つき》―嘯月（京都紫野）
器■古信楽へたり壺　竺叟直書　桃山時代

蕨餅の名残りの菓子として、名作中の名作です。餡を包み、まわりに片栗粉をはいて、天地を焦がし、黒胡麻を散らす。氷が粉をふいたかのような風情と、それを焦がした色目、初夏の侘びです。軽く焼いた蕨で、なおこの口溶けの良さ。本来なら三月の菓子、きな粉で食べるものと思い込んでいる人に、ある種の驚きと、かくあるべきと思い込むことの怖さすら思わせてくれる菓子です。

六月

水無月《みなづき》

常夏月《とこなつづき》

松風月《まつかぜつき》

小暑《しょうしょ》

林鐘《りんしょう》

六月は梅雨時を迎えて、水を意識させるものが増えてきます。花は紫陽花。ホトトギスは五月から続きます。五月末から六月に入ると、涼感を演出する透明感のある葛・錦玉の菓子が増え、沢瀉《おもだか》や河骨《こうほね》といった川辺の植物が銘に使われます。蝶や蜻蛉も水辺の景色。雨自体は表現しにくいので、五月雨や傘を銘にする以外には、雨が集まって生まれる水の流れを意匠化することが多いです。田植えの意匠も取り込みますし、麦秋も六月ごろなので、麦饅頭や麦代餅《むぎてもち》も好んで用います。六月末の夏越《なごし》の祓いには氷をかたどった三角形の水無月が欠かせないお菓子です。

行事

麦秋　入梅　五月晴　田植　夏至　夏越祓　水鶏　蛍狩

主菓子

青梅　青楓　紫陽花　杏　砂子餅　五十鈴川　磯馴　卯の花
沖の石　沢瀉　草の露　草笛きんとん　葛焼　河骨餅　早苗餅
袖が浦　竹流し　谷川の水　玉柏　茄子餅　夏菊　夏の月
なでしこ　鳴門　野あざみ　広沢　深みどり　時鳥　真砂餅
真野の浜　水引　水牡丹　水無月　麦代餅　麦饅頭　わらび餅

干菓子

芦　荒磯　うず　うず煎餅　沢瀉　川原撫子　観世水　小波
滝　滝煎餅　蝶々　つぼつぼ　蜻蛉　撫子　波　広沢
時鳥煎餅　松葉　水

六月一日

菓■更衣《こうい》―とらや（京都一条）
器■七宝文蒔絵縁高　大垣昌訓作　明治時代

衣替えの日。平安時代から宮中などでは、衣服だけでなく御簾や畳も新たに替えて、鮮やかに季節の変わり目を謳う時期です。涼を呼びこむ色目として、これだけ斬新に抽象化されて洗練された菓子もありません。漉し餡に米粉を混ぜて蒸しあげ、和三盆を揉み込んで、小口に切った表面に和三盆の粉を刷いて乾かした菓子。しゃりっとした感じが、これから身につける薄物の風情に満ちあふれています。この日に食べてこそ。大垣昌訓は、加賀蒔絵の伝統に則り、宮内省や前田侯爵家などの注文に応じた名工です。

六月二日

菓■五月雨《さみだれ》―越後屋若狭（東京本所）
器■織部写亀甲向付　尾形乾山作　江戸時代

乾山忌。天才光琳の弟の、屈託と自由と。黒の漉し餡をそぼろ状にしたものを入れた錦玉羹です。江戸らしい菓子。水と川原の流れを思わせるつくりです。

六月三日

菓■青楓《あおかえで》―嘯月（京都紫野）
器■光琳蒔絵桐流水文手箱　江戸時代

兄の光琳は才人で、明るく官能的な作風で知られます。和菓子の世界にも光琳調のものはたくさんあり、光琳がいかにすぐれた文様デザイナーであったかがわかります。

六月四日

菓■磯菜《いそな》―藤丸（太宰府）
器■南紀産大鮑菓子入　九代中村宗哲作　明治時代

磯の香を思いはじめる新若布の季節です。若布を結んで、白い砂糖の衣をつけて乾かしたものです。ともすると磯臭かったり、塩辛かったり、砂糖の味しかしなかったり、固すぎて昆布を干した駄菓子のようになってしまうのですが、そのどれでもなく、半生のまま、ほのかに磯の香りもしつつ、菓子としてのほどよい甘味を保つという、絶妙な風味で作られた銘菓です。

六月五日

菓■鎌餅《かまもち》―大黒屋鎌餅本舗（京都今出川）
器■黒唐津編笠向付　江戸時代

芒種。麦の刈り入れを終えれば梅雨。麦の刈り入れに使う鎌を模して、黒糖風味の漉し餡を求肥餅で包んでいます。言ってしまえば、和菓子はほぼ餡と餅と粉しかない中で色々表現するわけですから、形が重要です。農家で食べられていた餅菓子から、一方では麦代餅（五月二一日）を作り、こちらは鎌の形にしたのでしょう。鎌を腹の中に入れると五穀豊穣で幸せになるという民間伝承がある、縁起物の菓子です。

六月六日

菓■花《はな》の王《おう》―とらや（京都一条）
器■古清水唐獅子牡丹文扇面皿　江戸時代

「百花の王」とは牡丹のこと。器の唐獅子を先に決めました。私にとって牡丹の菓子の王様といえば、この型物の菓子。艶やかな水牡丹というよりは、豪奢で華やかな型物の菓子の美しさがぴったりの銘です。

六月七日

菓■鮎《あゆ》―むらさきや（名古屋）
器■古備前四方陶板　桃山時代

香魚の名も、苔むす岩があればこそ。鮎の形ではなくて求肥餅の上にうっすら焦がした鮎の焼き印と、一粒の大徳寺納豆で水辺を跳ねる鮎を表現している。そのものずばりの良さもあれば、このようにつきすぎない良さもあるということでしょうか。名古屋は柔らかものの菓子が美味しい。栗蒸し羊羹や水羊羹で有名な菓子屋です。

六月八日

菓■京《きょう》あゆ―京華堂利保（京都二条川端）
器■籐編菓子盆　竹龍斎作　昭和時代

鮎は生まれて一年経たずに死ぬことから「年魚」とも。焼いた餅皮で、中に拍子木に切った寒天と柚子餡が包みこんであります。鮎をかたどった菓子の中でも、とても清楚で洒落ていて、はかなくて好きな菓子です。寒天と餡の取り合わせの面白さといい、半分に折るだけでなく、すっとねじった形といい、焼き印の入れ方といい、一捻りするというのはこういうことだと思います。

六月九日

菓■玉川《たまがわ》―さゝま（東京駿河台下）
器■南京色絵水禽文皿　明時代末期

水辺を恋う江戸の心。夏の候、関西が葛の菓子とするなら、関東は錦玉羹、寒天という気がします。錦玉羹で固めた、夏の訪れを告げる菓子の名作の一つです。漉し餡、白餡、黒胡麻の入った白餡と、白黒とりどりの餡の玉が、川原の玉砂利のよう。銘の響きも関東の水辺です。

六月一〇日

菓■鵜《う》—むらさきや（名古屋）
器■天龍寺青磁片口　明時代

長良川では鵜飼の頃でしょうか。羊羹地で餡を包み込んだ艶やかさが、濡れた鵜の羽根そのもの。一本刺された昆布の切れ端を、鵜のくちばしに見る人もいるでしょうし、繋いでいる縄に見る人もいるでしょう。

六月一一日

菓■葛織部《くずおりべ》―嘯月（京都紫野）
器■織部手鉢

織部忌。古田織部は茶の湯に美を取戻した人です。「へうげ」だけではありません。織部を偲ぶ菓子としては、緑の織部薯蕷が有名ですが、時期が合わないので、織部という人の鋭さ、鮮やかさを含めて表現した夏の菓子はできないかと作ったものです。青豆の餡と葛を練って焼いた葛焼きに、細かく挽いた葛粉を六方にまぶして氷が粉をふいたような風情を作りました。火箸で焼き付けたのは、織部焼の代表的な意匠の井桁と梅鉢です。

六月二日

菓■あじさいきんとん―嘯月（京都紫野）
器■乾山写紫陽花文鉢　永楽即全作　昭和時代

七変化といわれる紫陽花の花。五月雨の滴をまとえば貴婦人の如き。紫陽花を写しとった細めのきんとんに、上から細かくそぼろに砕いた寒天を散らしています。五月雨というと初夏の通り雨だと思う人がいますが、梅雨のことです。

六月一三日

菓■蓬莱楓形《ほうらいかえでがた》　割氷《わりごおり》―藤丸（太宰府）
器■唐物砂張掛子盆　大徳寺孤篷庵蔵　平瀬家伝来　明時代

水流を染める青楓。清香殿（三月二五日）と同じ製法で、大徳寺納豆も入れられています。蓬の青葉若葉の香りを閉じ込めて、「蓬」の字を銘に入れた菓子です。割氷は、周りが固すぎるのも、さりとて湿気たのも嫌なものです。しゃりっとした口当たりで、寒天は口に含んだとたんにほどよく柔らかくほどける、そのバランスがこの菓子の身上です。

六月一四日

菓■宇治山《うじやま》—甘楽花子（京都丸太町）
器■呉須胆礬詩画皿　明時代末期

住吉大社御田植神事。雨にいやますみどり。ちょうど新茶の季節。漉し餡を入れた緑の餅の周りに、緑茶がまぶしてあります。茶摘みと若葉の頃の遠山の印象になる、中高の餅菓子です。銘は、茶どころ宇治の山ということです。

六月一五日

菓■利休粽《りきゅうちまき》—川端道喜（京都北山）
器■華籠　白洲正子旧蔵　室町時代

笹の緑と餅の白。一般的な粽、餅米を笹にくるんで蒸し上げた風情を、上品に菓子に置き換えたもの。菓子の原型を思わせます。ここに小豆を入れて茶席風に直したというのが、「利休」の銘に通じるのでしょう。

六月一六日

菓■夏蜜柑《なつみかん》丸漬《まるづけ》一光國本店（萩）
器■毛織四方菓子皿　秦蔵六作　明治時代

嘉祥。菓子を食して厄除け、招福を願う日。柑子の実は「非時香菓」といい、菓祖・田道間守ゆかりの不老長寿の仙薬でした。萩名産の夏蜜柑をくりぬいて皮を糖蜜で煮て、白餡の羊羹を入れて干したもので、まさに丸漬の名のとおり。夏の贈答品にも。

六月一七日

菓■七宝宝尽《しっぽうたからづくし》―亀屋伊織（京都二条）

器■堆黄龍文盆　大明永楽壬辰年製銘　明時代

黄は中国では禁色、すなわち皇帝の色でした。五爪の龍とともに。

六月一八日

菓■河骨《こうほね》一聚洸（京都鞍馬口）
器■青磁双魚文粟鉢　遠州蔵帳所載　明時代

林鐘（六月）にふさわしく、小さくも強き花。水沼、泥地に緑の葉が生い茂り、この時期に黄色い小さく凜とした花を咲かせる河骨の名は、泥や水の中に白い根を這わせるところが骨に似ていることから。この季節の代名詞。黄色に染めた漉し餡、もしくは黄身餡を包んだ葛饅頭のことを、昔から河骨といいます。

六月一九日

菓■紫陽花餅《あじさいもち》｜花乃舎（桑名）
器■色絵祥瑞輪花皿　明時代末期

「夏もなほ心はつきぬあぢさゐのよひらの露に月もすみけり」（藤原俊成）。古くは桑名の夏祭りでは、必ず紫陽花が生けられていたそうです。時候柄咲きほこる紫陽花のふくよかな形を模した水色の道明寺の餅菓子のまわりに、氷餅を散らした風情も面白い。

六月二〇日

菓■水《みず》ぼたん―越後屋若狭（東京本所）
器■藍九谷口藍丸皿　江戸時代

越後屋若狭独特の水牡丹です。関西で水牡丹という菓子は葛で紅色の漉し餡を包んだものがほとんどですが、これは薄紅に染めた薯蕷練切を錦玉羹で包んで、茶巾絞りにしています。葛ではなく寒天を使うことで絞り口がまるで切ったようになる。透明で切り立った感じが、水辺に咲いた牡丹の濡れた花弁のひとひらの風情で、いや増して涼しげです。添えられた一葉の青が、江戸の粋というところでしょうか。

六月二一日

菓■けし餅《もち》一小島屋(堺)
器■利休瀬戸沓鉢　桃山時代

夏至。ぷちぷちした芥子の実と餡餅の取り合わせは、口楽しい夏。小島屋といえばけし餅、けし餅といえば小島屋というぐらい、堺を代表する銘菓です。室町時代にインド方面からもたらされたと言われる「芥子」は、江戸時代には堺、泉州で盛んに栽培されていました。なぜこの日に持ってきたかというと、夏至と芥子……単に洒落です。

六月二二日

菓■氷室《ひむろ》―二条駿河屋（京都二条新町）
器■義山万暦写丼鉢（春海バカラ）　明治時代

葛のなかの三角は、氷によせる夏の思い。愛宕山の氷室に保存したわずかな氷のかけらは、夏場に宮中に献上され、最高の贅沢でした。氷をかたどった和菓子がなぜ三角なのかというと、昔は四角い塊は手に入りようもなく、氷といえばかけらだったからです。三角形の羊羹を、大切な品物らしく紅く染めて、水を表す葛の中に閉じ込めた菓子が「氷室」です。裏千家八代目の一燈の好みと言われ、いまではさまざまな菓子屋で作られています。

六月二三日

菓■御所《ごしょ》氷室《ひむろ》｜鶴屋吉信（京都今出川）
器■鉄製菓子器　宮武裕作　現代

このような小さな食べものにも、疫と厄を避ける願いがこめられています。寒天地の棹物も琥珀と呼びますが、こちらは寒天に砂糖を混ぜて、空気を入れて練って半透明にした「すり琥珀」と呼ばれる素材です。すり琥珀に小豆の粒を入れて、不等辺に切ることで、氷を表現した菓子です。御所で食べられた氷室の氷をイメージしています。

六月二四日

菓■弥《い》涼《すず》一聚洸（京都鞍馬口）
器■祥瑞本捻鉢　明時代末期

数ある六月の異名のなかでも、弥《い》涼《すず》暮《くれ》月《づき》は好きな響き。小田巻にした緑と白のきんとんの上から、潰してそぼろにした寒天を散らして、六月を表現してみました。

六月二五日

菓■青梅《あおうめ》—源太（東京新宿）

器■青花人物文鉢　大明万暦年製銘　明時代

求肥を青く染めて梅をかたどることは、和菓子の世界ではよく行われて、梅の実が出回る六月には好んで作られます。こちらの店では、白餡に刻んだ梅の果肉が混ぜられていて、ほのかに梅の香りもするので、なかでも好きな菓子です。染付の器が似合います。

六月二六日

菓■螢《ほたる》—太市（東京洗足）
器■絵唐津沓鉢　桃山時代

「雨夜にも星の影見る蛍かな」（玄々斎）。黄色く染めた餡の練切を丸くくりぬいただけですが、その中に大徳寺納豆を一粒沈めることで、月夜に浮かぶ蛍の小さな光を表現した菓子です。

六月二十七日

菓■葛水無月《くずみなづき》—末富（京都四条烏丸）
器■祥瑞反鉢　遠州蔵帳所載　藤田家伝来　明時代末期

葛のやわらかな食感は、かりそめのものを思わせます。夏越の祓いの時期に至るところで作られる氷がわりの菓子「水無月」は餅製のことが多いのですが、あえて葛でこしらえて、上質な小豆を散らし、もてなしの菓子として昇華させたもの。昔、京都の炭屋旅館主人、堀部公允《こういん》氏の「水無月祓」という能楽の取り合わせの茶会で、この菓子を初めて供されて、驚いた記憶があります。

六月二八日

菓■氷砂糖《こおりざとう》—イラン土産
器■毛織皿　一七世紀

遠い異国の花。イランの土産にもらった純然たる氷砂糖の塊ですが、上質な砂糖なので口に入れたら、はらっと、あっという間に溶けてしまいます。ときには外つ国からもたらされた甘いものから使えるものを見立てて探すのも、楽しみの一つです。器の「毛織」というのは、インドのムガル帝国の「ムガル」がなまった「モール」に当て字をしたもので、インドからきたような織物、銅器をこう呼びました。

六月二九日

菓■ぬれつばめ―鍵甚良房（京都祇園四条）
器■呉須青絵龍文鉢　明時代末期

昔から、黒い鳥の羽の濡れた美しさを、人々は愛でてきました。「ぬれつばめ色」というと、艶を含んだ紫がかった濃い黒、そして「粋な色」として喜ばれてきた色です。黒く染めた錦玉羹の中に小豆餡。寒天の茶巾絞りで角の立った、露を含んだ襞の調子が、あたかもぬれつばめの羽の色、あるいは羽そのものです。

六月三〇日

菓■水無月《みなづき》｜京華堂利保（京都二条川端）
器■根来塗隅切盆　鎌倉時代

菓子も氷も、人々のあこがれやまぬものでした。「夏越の祓い」の六月三〇日だけの菓子。夏場は疫病がはやる恐ろしい季節で「なんとか無事に夏を越えられますように」という大切な行事の日です。宮中では氷を食べて厄除けを祈りますが、庶民には氷が手に入らないので、氷をかたどった三角餅を食べました。外郎に小豆が散らされているのは、赤色に邪気払いの力があると考えられていたから。庶民の切実な祈りを込めた菓子です。同じ素材を用いても、上菓子屋が手がけると、町の「おまんやさん」が作るものとはひと味違ってきます。

和菓子の世界　三

茶の湯の影響

日本文化の方法論

日本のお家芸であるアニメには、茶の湯や和菓子に通じるものがあるのではないかと思うことがあります。特徴を捉えてデフォルメして、編集して作りあげるという作業は、「見立て」「やつし」という、日本人が好む方法論と重なります。茶の湯では「市中の山居」という、ある種の仮想的な場が生まれ、カジュアルで不揃いな取り合わせが生まれました。不揃いというゆらぎは、よけいに人の個性を際立たせます。日常に与えた茶の湯の影響の大きさは、食器棚をご覧になるとわかります。皆さんの自宅の食器棚を見渡すと、素材や形がバラバラの食器が並んでいるのではないでしょうか。これは他の国にはあまりない文化で、「とるに足らないものを集めてくる」精神、数寄に由来したものです。

利休以前の茶祖・村田珠光の名を冠した「珠光餅」という菓子があります。山椒風味の白味噌を餅にかけただけの素朴なものです。味噌の甘みと、餅の豊かさを頼りにした、菓子の古典です。初期の茶席に出されていたのは、麩の焼きや栗、干し柿、椎茸を味噌で炊いたものなど。いずれも当時にしては口当たりに変化をつけるご馳走だったと思いますが、さして贅沢なものではありません。そこに、ずいぶん経ってから、練切やこなしの、カラフルで多様な形の菓子が登場し、銘がつけられるようになりました。まさに、和菓子における「数寄を凝らす」ということです。それが可能になったのは、菓子の歴史から見ればそう古いことではないのです。

季節や趣向によって千差万別の茶席にあって、和菓子はより幅広く豊かであることが求められました。つまり、現在の和菓子の豊かさは、茶の湯があったからこそと言えますし、茶の湯の側から見れば、和菓子は数寄を凝らすための大事な要素だと言えるでしょう。

懐石と和菓子

茶には菓子がつきものと考える方は多いと思いますが、茶にはまず御膳のふるまいがつきものでした。それが懐石で、現在の正式な茶懐石では、料理のあとに主菓子まで出てから一度席を立つ中立があり、その後の後入で濃茶、薄茶、干菓子が振る舞われます。茶の湯の成立以前、平安時代の饗膳にも果物や菓子の記述はあり、本膳料理でも菓子は出されています。古い会記にも菓子はでてきますが、どのタイミングで食べていたのかはわかりません。いずれにせよ、料理の中に組み込まれていた菓子が、茶と一組になって独立したと考えられます。つまり、ハレの場に最高の贅沢品を振る舞うのが本膳料理だとしたら、上質だけど質素な侘びの振る舞いが懐石料理で、さらに懐石をすべて出せないときに、簡略化した形が菓子と茶になった。懐石に込められた意味が、小さな和菓子に凝縮されていると言えるかもしれません。

菓子が懐石に付随していた証拠が、菓子を食べるときに用いる黒文字製の楊枝の存在です。黒文字は香りの強いクスノキ科の木で、毒消し効果があると信じられてきました。防虫剤の樟脳はクスノキの精油の主成分ですから、頷けます。黒文字の楊枝の第一の役目は、食後に口中をせせって清めること。更に、その楊枝には毒消しの効能が備わっているという点が肝心です。食べにくい菓子の場合は、黒文字一本に添えて赤杉の箸が一本添えられます。色違いの不揃いが「侘び」と映りますが、もっと現実的な理由として、この黒文字は箸ではなく楊枝ですから、一本あればよい。それだけのこと。ですから、取り回し用の箸の場合は、黒文字が二本。それぞれの成り立ちには大きな意味が潜んでいるのです。

また、菓子を食べたあと、黒文字は持ち帰り、赤杉箸は折って返します。黒文字を持ち帰るのは、口中をせせった後で返却するのは失礼に当たるからです。「記念に……」という考えは、後になってからのことでしょう。一種の「ままごと」のように見える作法も、突き詰めれば理に適ったものなのです。

消え物こそ

濃茶と薄茶がわかれたのは、古田織部、小堀遠州ぐらいのころと考えられます。小間とは別に鎖の間ができ、場を変えるなら別の茶が欲しくなり、合わせた菓子も必要になる。長らく、料理も菓子も基本は亭主や家人の手製でした。専門の菓子屋が作るようになったのも、砂糖がふんだんに手に入るようになった江戸中期以降でしょう。遠州ゆかりの金沢の長生殿は名物和菓子の先駆けでしょうが、一八世紀後半の松平不昧のころには、銘菓もたくさん出てきています。特定の茶人や数寄者が意匠を指示して作った菓子や、特に好んで常用したものを「好み」と呼びます。茶を嗜んだ大名のいた城下町に、銘菓が多い理由です。

名の通った茶人や数寄者の茶会で、道具が良いのは当然です。むしろ、菓子などの消え物の入念さに差を感じます。名器名品の茶会に、名店の凝った上菓子ではなく、あえて素朴な手作りの菓子が出されて、ハッと心奪われる時もあり、取り合わせの妙を感じたこともしばしば。あるとき、立派なお屋敷の個人宅で、原三溪旧蔵の砧青磁の筍の花入が出てくるような名器名品づくしの茶事の折に、手製の菓子が出てきました。九谷の銘々皿にきな粉を敷き詰め、漉し餡を入れて練り上げただけの熱々の葛餡を載せて、木箆ですくい取って食べるものです。これは美味しかった。菓子屋の繊細さとは別の魅力、手作りの菓子とはかくあらねばというものでした。

茶席での菓子には、道具以上に亭主の趣向が表れます。言葉を交わさない挨拶であり、亭主の教養のほど、その席に対する思い、客に対する気遣い、が集約されます。定番の菓子を出しても怒られることはありませんし、無難に収めることもできますが、時にそこを攻め所と心得て突っ込むことで、可能性が広がる。菓子に興味のない方も見受けられますが、とにかく我々茶人は、わかりあえる人との交わりを求めて続けています。道具についてはよくそのように語られますが、和菓子はもちろんのこと、花や炭、香、水といった「消え物」こそが、大切だと思います。もてなしの原点は、薪水の労を厭わぬこと。古来変わることのない真実です。

七月

文月《ふづき》
七夕月《たなばたづき》
棚機月《たなばたづき》
桐月《とうげつ》
夷則《いそく》

七月はすっかり夏の趣。いかに暑気を払うかが肝心で、水、渦、潮、滝などの意匠や銘の、葛などの菓子が中心になります。前半は七夕にちなみ、星や天の川。その後は夏の暑い盛りを迎えますが、盛夏の神事にまつわる菓子や器は多く、趣向の取り合わせに事欠かない時候です。京都であれば祇園祭、大阪は天神祭が行われます。祇園祭はやはり京都のもの。神事ごとは、他の場所で無理に沿わせると、本当には身体の中にない、とってつけた印象になるため難しい。朝顔も咲き始める頃です。涼感を呼ぶため、あえて冬の氷や雪などの銘も使います。

行事

七夕　夏祭　朝茶　夕立　夏の峯

主菓子

朝顔　天の川　伊勢の海　磯の松　渦　沢瀉　篝火　行者餅
葛巻　葛饅頭　葛餅　雲の峯　榊餅　山椒餅　白糸　堰
蟬の小川　竹流し　玉子素麵　玉の井　稚児餅　戸奈瀬
夏木立　夏の朝　撫子　鳴戸　野菊　氷室　宝珠　豊明玉
星の影　星の光　布袋餅　真砂の月　瑞籬　水玉　水引餅
水牡丹　水羊羹　みぞれ羹　山の井　夕涼　百合根きんとん

干菓子

芦　荒磯　糸巻　渦煎餅　氷餅　越の雪　こはく糖　小波
さざれ石　神鏡　鈴　青海波　せきちく(撫子)　滝　滝煎餅
玉子素麵　とんぼ　名取川　水　水煎餅

七月一日

菓■水《みず》ようかん｜越後屋若狭（東京本所）
器■古九谷翡翠絵平皿　江戸時代初期

越後屋の水羊羹といえば、いつも私が評して使う言葉が「甘露」。甘露が喉を過ぎるとはこのことではないかと思わせるような滑らかな口溶けと、楊枝で切ることすら難しいような柔らかさ。元祖ではありませんが、水羊羹と言えばこれです。店ごとにそれぞれの思いで作る水羊羹は、とくに東京で人気の菓子という気がします。獅子文六が、水羊羹と言えばここ、と随筆に書いています。好事家に求められることの多い一品です。

七月二日

菓■団扇《うちわ》　波《なみ》―亀屋伊織（京都二条）
器■唐物砂張青海盆　明時代

昨日が祇園祭の吉符入（初日）でした。木瓜と巴は八坂神社の神紋。鉾は暑いので、稚児を扇ぐ団扇は、祇園祭の大事な小道具のひとつ。祭りの団扇をモチーフにした、洒落た菓子です。

七月三日

菓■浮草《うきくさ》—花乃舎（桑名）
器■江戸型吹硝子菊鉢　江戸時代後期

芭蕉の流れを汲む伊勢山田の俳人、中川乙由の「浮草や今朝はあちらの岸に咲く」という句をもとに作られた、花乃舎の名物。乳白色の葛羊羹に、緑に染めた白小豆の羊羹を浮き沈めて、水面に浮かぶ浮き草を表現しています。食感の違いが楽しい菓子です。同じ組み合わせとしては裏千家の円能斎好みの「岩もる水」という銘の菓子も有名です。ふつう葛は冷やすと濁ってしまいますが、これは乳白色なので冷やして用いることができます。

七月四日

菓■星《ほし》の雫《しずく》｜松華堂（半田）
器■鞠挟盆　近藤道恵作　江戸時代

五色の和三盆。銘が見事です。七夕は技芸上達を祈る乞巧奠《きっこうでん》の儀式でもあります。平安貴族にとって蹴鞠は大事な教養と技術でした。その鞠を両側から板で挟み、糸をかけて飾る鞠挟をかたどった鞠挟盆。七夕に好まれるモチーフです。

七月五日

菓■京氷室《きょうひむろ》—柏屋光貞（京都東山安井）
器■唐銅竹水彫青海盆　九代中川浄益作　明治時代

旧暦六月一日が氷室開き。寒天の琥珀の周りに粉を打って、冷えた氷が粉をふいた佇まいを写しとっています。氷のひとかけらへの想いの込められた銘菓です。

七月六日

菓■珠玉《たま》織姫《おりひめ》—松屋藤兵衛（京都紫野）
器■黒四方鉢　赤木明登作　現代

七夕にちなんだ銘を持つ、織物の神様の菓子。五色の味はそれぞれ違います。大徳寺を南に下がると、西陣があります。その織り元の人たちが祀った織姫神社という神様にちなみ、大徳寺の門前にある松屋藤兵衛が作った菓子です。実は年中売られていますが、やはりこの七夕の時期に、全国の人が好んで求めて使われると聞きます。

七月七日

菓■天《あま》の川《がわ》—川端道喜（京都北山）
器■銹絵芙蓉詩画重色紙皿　尾形乾山作　江戸時代

織姫と彦星。眼目は餅団子の間合いです。ピンクと黄色に染めた二つの餅、会えそうで会えません。青竹の串が大事。

七月八日

菓■糸巻《いとまき》一末富（京都四条烏丸）
器■沢栗乱挽盆　三代村瀬治兵衛作　現代

淡い紅白の糸巻。葛仕立ての柔らかい羊羹を、糸に見立てて筋を入れた求肥でくるんだ、七夕の菓子です。

七月九日

菓■瀧煎餅《たきせんべい》　青楓《あおかえで》―亀屋伊織（京都二条）
器■南鐐青海盆　金谷五郎三郎作　明治時代

菓子盆の上の景色を愛でる、そんな菓子の典型。四角く断ち落とした煎餅生地に、糖蜜をぶわっと荒々しくかけ回しただけで、滝の流れに見立てた風情が見事です。当然、一つひとつ模様が違います。

七月一〇日

菓■祇《ぎ》園会《おんえ》―緑菴（京都鹿ヶ谷）
器■仁清写色絵長刀鉾絵皿　五代真葛宮川香斎作　昭和時代

祇園祭の鉾建ての日。鉾の裾巻をかたどっています。

七月一一日

菓■甘露《かんろ》竹《たけ》―鍵善良房（京都祇園）
器■備前四方皿　桃山時代

青竹が涼しそう。江戸時代から続く演出です。冷やしていただく菓子ですが、中の水羊羹はもちろんのこと、手に取る青竹の切り口の鋭さと冷たさ、竹をこそ食べているような菓子です。

七月一三日

菓■祭笠《まつりかさ》　引綱《ひきづな》―末富（京都四条烏丸）
器■ピューター盆　一八世紀

組立てた鉾を試し曳きする日。京都の七月は、どうしたって祇園祭です。生砂糖で作った引綱です。

七月一三日

菓■葛羊羹《くずようかん》―緑菴（京都鹿ヶ谷）
器■古染付祥瑞手平皿　明時代末期

葛の羊羹。蒸してあるため、むちむちした食感に。一見雑な竹の皮の跡も含めて、味わいのうちです。

七月一四日

菓■したたり―亀廣永（京都烏丸御池）
器■古染付菊印花皿　明時代末期

菊水鉾の茶席で用いる黒糖風味の棹物菓子。いかにも甘い糖蜜がしたたる感じの銘で、つややかな黒さとの取り合わせがすばらしい。祇園祭は、町内ごとに故事に題をとった山や鉾をたて、町衆の財力と教養のほどを競う祭りという側面を持ちます。菊水鉾をたてる町内にあった利休の師・武野紹鷗の屋敷には「菊水の井戸」がありました。菊水には、能楽の菊慈童にちなみ、不老長寿の水という意味がありますから、そのしたたりということでしょうか。

七月一五日

菓■吉兆《きっちょう》あゆ―大極殿本舗（京都四条烏丸）
器■渦蒔絵山道盆　堅地屋清兵衛作　江戸時代

鮎は吉凶を占う、もしくは吉兆の象徴とされた大切な魚で、とくに夏に喜ばれました。中に求肥餅が入れられた調布地は、暑さの中でも持ちが良く、夏に好まれました。見た目と、ふっくらした口当たりと、餅の強さで暑気を払います。

七月一六日

菓■行者餅《ぎょうじゃもち》｜柏屋光貞（京都東山安井）
器■根来塗隅切盆　室町時代

この日だけ作られる菓子。山鉾の一つ、役行者山にちなんだ菓子で、法螺貝餅（二月三日）と対をなします。翌日の巡行をひかえた宵山の日に供えられたので、そのお下がりという心持ちで。山椒を利かせた味噌餡が包まれた、麩の焼きの菓子です。きちっと畳み込まれた姿が、神前の捧げ物らしく感じます。

七月一七日

菓■稚児提灯《ちごちょうちん》―末富（京都四条烏丸）
器■義山捻子切子鉢（春海バカラ）　明治時代

いよいよ山鉾巡行の日。提灯をかたどった葛の菓子とバカラの器のとりあわせ、この華やかさが好きです。ピンク色の餡と、白い羊羹製の祇園さん（八坂神社）の木瓜紋を、葛の饅頭に閉じこめました。長刀鉾の稚児を先導する提灯なので、この名前です。俗に駒形提灯とも呼ばれる、山鉾に提げられて宵山まで鉾町を飾る神紋入りの提灯の形にする場合は違った色、異なる銘に。

七月一八日

菓■夏《なつ》の霜《しも》―亀末廣（名古屋）
器■沢栗片木皿　三代村瀬治兵衛作　現代

「風吹枯木晴天雨。月照平沙夏夜霜」（白楽天）。名詩を引用した、謡曲「経正」の一節を題とした銘菓。銘は、餡にわずかにこぼれる白を見立てたもの。濃厚な甘さも、かえって酷暑にふさわしい。なかに漉し餡、上下を和三盆と寒梅粉で押し、氷餅を振っています。名古屋の名店、亀末廣の名物でしたが、今では別家の亀広良が受け継いでいます。

七月一九日

菓■薄衣《うすごろも》―川端道喜（京都北山）
器■天龍寺青磁端反鉢　明時代

川端道喜では季節により色と焼き印を変えています。春は「花衣」（四月二一日）。黄色くなって焼き印が撫子に変わると、薄衣。女官の薄い唐衣を思います。

七月二〇日

菓■葦《あし》 鷺《さぎ》―亀廣保（京都烏丸御池）
器■唐物真塗四方盆　明時代

水辺の景色。単純だけれど、葦も鷺もピンと尖ったところが精巧な印象で涼やか。

七月二一日

菓■くずきり｜鍵善良房（京都祇園）
器■義山千筋蓋物（春海バカラ）　明治時代

いわずと知れた祇園名物。器次第で茶事にも。葛は冷やすと白濁してしまうのですが、氷を浮かべた水の中で泳がせるなら、乳白色の透明感が、涼感を呼ぶ気がします。黒蜜、白蜜はお好みで。

七月二二日

菓■青瓢《あおひょう》―愛信堂（京都西陣）
器■夕顔蒔絵手箱　江戸時代初期

器をさきに決めて、菓子はあとから、ということもままあります。夕顔蒔絵の手箱に出会ったので、それを使いたくて、同じモチーフの夕顔の菓子としました。色気を出すため、葛の瓢箪の型に一粒小豆を入れました。

七月二三日

菓■唐饅頭《とうまんじゅう》―木下正月堂（宇和島）
器■唐物七宝手鉢　明時代末期

私の郷里宇和島では和霊大祭の宵宮の日。故郷の南蛮菓子です。小麦粉の煎餅の中に柚子風味の餡が入っています。古くは宇和島藩の藩主、伊達家の記録にも饗応の菓子として登場します。

七月二四日

菓■稚児《ちご》の袖《そで》　末富（京都四条烏丸）
器■仁清写祇園神紋絵盃　永楽即全作　昭和時代

稚児は神と人のあいだの存在。祇園祭の後祭、還幸祭《かんこうさい》。久世という地域から選ばれる、神様のよりしろになった久世駒形稚児を先導に、祇園祭の本当の宮山車である三社の御輿が八坂神社に帰っていきます。祇園祭の稚児といえば、今は長刀鉾の稚児が有名ですが、本来は、こちらの稚児が重要です。

七月二五日

菓■葛《くず》ふくさ—菊寿堂義信（大阪）
器■義山霰切子皿（春海バカラ） 明治時代

大阪では天神祭の日。大阪の名店の名物。小豆餡と求肥を、細かく葛粉を打った葛で畳んでいます。袱紗で夏の宝物を包んだような菓子です。

七月二六日

菓■杣《そま》づと―亀末廣（京都烏丸御池）
器■李朝白磁台鉢　李朝時代

夏の侘びというべきもの。餡を入れたりせずに、大徳寺納豆の塩気と葛の程良い甘さだけで蒸し上げた、静かな菓子です。「そま」という銘もよい。取り合わせの妙です。

七月二七日

菓■高麗餅《こうらいもち》—菊寿堂義信（大阪）
器■李朝白磁台鉢　李朝時代

夏の土用。暑気払いに手強い餡を。店のある町名にちなんだようですが、手で握ったままの形の手荒さが、唐物の精緻さに対する高麗物のイメージなのではないでしょうか。抹茶を入れた緑の餡、胡麻をまぶしたもの、粒餡、漉し餡、白餡の五色で、中に餅が入っています。高麗餅は菊寿堂の名物として年中作られていますが、夏の土用にあんころ餅などの砂糖を入れた餅を食べると疫病を防ぐと言われ、これを「土用餅」と言います。

七月二八日

菓■磯《いそ》ちどり―志乃原（高岡）
器■手付籠　二代池田瓢阿作　昭和時代

北陸のひなびた海に思いが誘われます。透明な錦玉羹をはまぐりの殻に流し込んで、中には小豆が二粒。貝殻の片方で掬って食べます。冷やして使うことができるので、夏の茶事に喜ばれます。天保三（一八三二）年創業の老舗の菓子です。

七月二九日

菓■ルバーブ羹《かん》―甘楽花子（京都丸太町）
器■大吉羊文字染付鉢　北大路魯山人作　昭和時代

ルバーブは、漢方でいうダイオウ（大黄）の仲間です。タデ科で葉は大きく広がり、蕗のような茎を砂糖で煮詰めてジャムやジュースやサラダ、細く切って菓子の材料にしたり、さまざまな使い方をします。林檎に似た酸味と、杏のような香りが特徴で、ヨーロッパではポピュラーな素材です。これはルバーブのジャムを使った新しい菓子で、わずかに酸味のある甘味と、緑の色目が、夏の水面を思わせて涼やかです。

七月三〇日

菓■玉《たま》だれ｜榮太樓總本鋪（東京日本橋）
器■染付雲鶴文手付角鉢　永楽和全作　明治時代

求肥の御簾越しに映る山葵の色と辛味が涼気を誘います。砂糖と焼みじん粉に大和芋と本山葵を混ぜた餡を、求肥で包んでいます。年老いた小野小町を陽成天皇が労って「雲の上はありし昔に変わらねど見し玉簾のうちやゆかしき」と詠んだところ、「雲の上はありし昔に変わらねど見し玉簾のうちぞゆかしき」と一字変えた返歌で昔を懐かしんだという故事で有名な謡曲「鸚鵡小町」の玉簾にちなみます。榮太樓を代表する江戸の夏の茶菓子です。

七月三一日

菓■婦《ふ》くみづ ― 亀末廣（京都烏丸御池）

器■古染付城閣人物図平皿　明時代末期

「婦くみづ」という銘は、豊かな冷たい水をそのまま、手で掬い取って飲んでいるような印象で、夏の菓子としても好きなものです。ほのかにフランス産のペパーミントが香りますが、錦玉羹を使っているのでお茶によく合う和菓子です。老舗ならではの斬新さ。染付の器と合わせて、涼感そのもの。

八月

葉月《はづき》
雁来月《かりきづき》
桂月《けいげつ》
木染月《こぞめづき》
仲秋《ちゅうしゅう》

旧暦だとお盆は七月一五日前後ですが、やはり一般的には八月でしょう。そこで使うのは蓮の意匠。暑さのすぎる盛夏には茶会は稀で、菓子の種類も少なくなります。朝に恋しい露、涼をもたらす夕立をイメージさせる雷おこし、末頃に訪れる野分、台風も、菓子の銘の上では利きます。夏の草花もやがて名残りを迎えます。餅や練切から琥珀羹から道明寺羹など、同じモチーフでも走り、盛り、名残りで素材を変えます。粟羹や道明寺羹はぷつぷつと口で泡が弾ける涼感からも、この時期好まれます。瓢簞や花火も八月の風物詩です。

行事

八朔　中元　盂蘭盆会　納涼　虫干し　朝露　残暑

主菓子

秋の色　秋の空　秋の露　磯の松　芋きんとん　岩清水
烏羽玉　雲門　沖の石　女郎花　桔梗　金玉糖　草の露
葛焼き　苔衣　苔清水　梢の露　こはく糖　小夜衣　水月
諏訪の湖　清涼殿　滝のしぶき　玉の露　調布　道明寺羹
常夏　夏木立　夏姿　夏の夜半　南京羹　萩の露　白露
蓮根羹　蓮の雫　氷室　氷室糖　真砂の月　室の氷

干菓子

朝顔　芦　芦葉　荒磯　うず　薄衣　渦巻　団扇　団扇煎餅
雷おこし　観世水　越の雪　小判蟹　青海波　扇面　滝煎餅
つらら　なでしこ　波　蓮　花火　瓢　よせ氷

八月一日

菓■葉月《はづき》—川端道喜（京都北山）
器■南鐐七宝文菓子皿　二代竹影堂栄真作　昭和時代

八朔。月の名前そのものがついている。この日この時に使わないといけない菓子が季節ごとにありますが、その典型です。漉し餡を葛で、更に笹で包んだ水饅頭。いかにも涼しげです。

八月二日

菓■瀧《たき》　青楓《あおかえで》―末富（京都四条烏丸）
器■円明院盆　河瀬無窮亭旧蔵　桃山時代

瀧は寒天、青楓は和三盆製です。口溶けの良い湿粉製のものも味わい深いものですが、こうした和三盆だけの押し物の、角がピンと立っていさぎよい佇まいも嬉しいものです。木地の盆は、普段は横に使いますが、木目があまりにも面白いので、わざと縦に、滝に見立てて使いました。奈良にあったとされる古寺、円明院に伝来し、のちに奈良の目利き、無窮亭こと河瀬虎三郎が愛玩していたものです。

八月三日

菓■青楓《あおかえで》—御倉屋（京都紫竹）
器■義山鬼切子鉢（春海バカラ）　明治時代

涼しい色。こうした何気ない菓子のほうが、作るのも選ぶのもむつかしい。薄く色を染めただけの青葛の菓子です。

八月四日

菓■夏木《なつこ》立《だち》　松華堂（半田）
器■初期伊万里山水文扇形皿　江戸時代初期

葛製の羊羹です。棒状にできている棹物の菓子は、四角く切るだけではなく斜に切ったり、扇型にするなど、切り方を工夫することで、また違った楽しさがあります。葛の菓子全般に言えますが、冷蔵庫で冷やせなかった時代には、物理的な冷たさというよりも、葛のうすひんやりとして、ふるふるとした口当たりから涼しさを感じたのでしょう。銘も素晴らしい。

八月五日

菓■甘美《あまみ》羹《かん》｜二条駿河屋（京都二条新町）
器■義山（バカラ）藍切子平鉢　明治時代

グレープフルーツの果汁を寒天で寄せたもの。アマミカンと読みます。

八月六日

菓■鮎粽《あゆちまき》―川端道喜（京都北山）
器■時代蒔絵網文四ツ手菓子器　江戸時代

鮎も大きくなる季節。遠からず落ち鮎です。漉し餡と葛という素材は一緒でも、粽の笹の結び方を変えるだけで、鮎になります。限られた素材、技法の中で、いかに豊かさを出すかということの一典型。ぴっと、熨斗のような折り方で、笹ならではの葉の強さが生きていて、いかにも鮎という感じが涼しげです。

八月七日

菓■麦羹《むぎかん》―吉はし（金沢）
器■古染付花唐草文四方皿　明時代末期

立秋。暑気払いにもってこい、その香ばしさに秋が待たれます。煎った麦こがし（はったい粉）を、そのまま入れて固めた蒸し羊羹です。

八月八日

菓■水《みず》の面《おも》―嘯月（京都紫野）
器■仁清写色絵海松文船形鉢　永楽和全作　明治時代

葛の底の緑の餡が涼気をもたらします。「観世水」「水の面」など、店によって名前は違いますが、楕円形の渦巻で表現された流水、湧き水の意匠は、京菓子で古くから使われてきました。こちらは、葛羹に入れた緑の餡で、苔と水辺の緑の意匠を表したものです。器は船形で取り合わせました。

八月九日

菓■琥珀《こはく》一御倉屋（京都紫竹）
器■李朝白磁台鉢　李朝時代

上品に作られた酸味と甘味と。餡のかわりにほのかに酒の利いた青梅漬けが入っています。寒天製の琥珀羹なので、やや固めの口触り。冷やして使うことができます。茶席の菓子としては楊枝で切りにくいのですが、それは小さな話で、典型的な茶席の菓子の範囲に収まらず、かといって則をこえていない、絶妙なさじ加減が好ましい菓子です。『源氏物語』の趣向で茶席を設けたときに、これを笹で誰が袖にくるんで楽しんだことがあります。

八月一〇日

菓■観世《かんぜ》水《みず》―二条駿河屋（京都二条新町）
器■古清水網文手鉢　江戸時代

黄色い栗羹に、緑色の羊羹と粒餡が入っています。さらりとほどける漉し餡もよいですが、コクのある粒餡や栗羹の強さは、夏の暑さに負けない味わいです。今の我々が夏に炭酸を好むように、口の中で泡が弾ける感覚を、栗のぷつぷつとした味わいで感じていたのでしょう。水の意匠も様々です。

八月一一日

菓■葛竹流し《くずたけなが》—末富（京都四条烏丸）
器■古備前丸陶板　桃山時代

今では水羊羹が有名な竹流しですが、葛羊羹のほうが古風です。水羊羹も美味しいけれども、竹筒のなかから半透明の葛羊羹がすっと出てきたら、「これぞ甘露」と人は快哉を叫ぶのではないでしょうか。

八月一二日

菓■浜《はま》土《づ》産《と》―亀屋則克（京都烏丸御池）
器■葛桶　一〇代飛来一閑作　宗旦好　江戸時代後期

貝殻を開くと黄色い寒天の中に大徳寺納豆が一粒。宝石の琥珀に見立てた「琥珀羹」の名前のもとになった風情です。大徳寺納豆のしょっぱさと渋さというのは、砂糖の甘さがなかった時代への郷愁を誘う何かがあるのでしょう。貝殻を開けて食べるのも楽しく、割った貝殻で削って掬って食べるようにするのも一興です。

八月一三日

菓■蓮《はす》　流水《りゅうすい》―亀屋伊織（京都二条）
器■般若心経に蓮文蒔絵盆（東大寺二月堂練行衆盤写　日ノ丸盆）江戸時代後期

お盆を迎えて。生砂糖の流水、
押し物の蓮の葉。

八月一四日

菓■しの｜紫野和久傳（京都紫野）
器■時代椰子実菓子器　江戸時代後期

まるめた餡の中には大徳寺納豆が一粒。この頃、山内の各塔頭は大徳寺納豆作りに勤しんでいます。大徳寺のある紫野《むらさきの》からついた「しの」。こうした言葉遊びも菓子の楽しさです。菓子屋とは違った、料理屋の菓子の一例です。

八月一五日

菓■芋《いも》きんとん｜手製
器■薬師如来蓮弁　高峯山福源寺旧在　平安時代

先人への祈りをこめて。我々の先輩は、戦中、灯火管制のもとでも茶を続けました。その頃の菓子は、もっぱら芋の茶巾絞りだったと聞きます。薩摩芋を蒸して、どこにでもあるザルで漉しとって、砂糖を水で溶かして作ったなめらかな糖蜜を合わせて、粘り気がでないようにさっくり混ぜて、茶巾で絞ります。隠し味に柑橘の酸味をひと絞り加えると美味しいです。

八月一六日

菓■大文字《だいもんじ》—緑菴（京都鹿ヶ谷）
器■金銅散華盆　江戸時代

送り火の日。葛饅頭の中に大文字の「大」の字を入れてあり、この日に食べることに意味のある菓子です。京都の人は「大文字焼き」とは決して言わないのですが。

八月一七日

菓■鯨《くじら》ようかん―阪本商店（佐土原）
器■初期伊万里山水絵大鉢　江戸時代初期

鯨のように大きく健やかに、との願いが込められた宮崎の郷土菓子。餡と練り餅の取り合わせが絶妙です。「鯨」という名前が、八月には面白いのではないでしょうか。手強い菓子なので、正式な茶事というよりは、常の茶、ちょっとした一服、気楽な薄茶の会に向きます。番茶のほうが合うという人もいるかもしれません。もちろん、抹茶を出すことだけが茶会ではありません。

八月一八日

菓■鯨羹《くじらかん》｜吉はし（金沢）
器■天啓染付網文皿　明時代末期

こちらは茶席の上菓子としての仕立て。道明寺の粒でぷつぷつと上を黒く染めて、皮鯨（鯨の皮と背脂）に見立てたものです。茶懐石での暑気払いに、鯨は好んで使われました。上質な背脂は弾力があるので「餅鯨」とも言います。塩漬けを晒し鯨にして、笹掻き牛蒡と味噌仕立ての椀に入れて、山椒や刻み葱を加えて作る鯨椀もあります。ただし、懐石の椀と菓子、両方で使ってはつまらない話になります。

八月一九日

菓■オレンジゼリー｜村上開新堂（京都寺町二条）
器■義山（バカラ）切子手付皿　湯木貞一旧蔵　昭和時代

京都では夏の進物の代名詞。中元の品にこれが届いたら一人前かもしれません。日本で最も古い洋菓子店の一軒。蜜柑をくりぬいてゼリーを詰めた菓子も、こちらが一番古いのでは。冬は蜜柑で「好事福盧」（一二月一三日）。

八月二〇日

菓■三色《さんしょく》ねじり粽《ちまき》―川端道喜（京都北山）
器■蒔絵菊唐草文大食籠　江戸時代

藤原定家の忌日です。川端道喜は、平安の有職の貴族の食べ物を伝える店でもあります。三色それぞれに意味があり、魔を払う吉祥の色目です。道喜といえば葛を使った水仙粽（五月五日）が有名ですが、餅の粽がそもそもです。

八月二一日

菓■冬瓜漬《とうがんづけ》―謝花きっぱん店（那覇）
器■琉球白蜜陀花鳥文盆　江戸時代初期

口に入れると、その食感に驚くはず。溶かした砂糖に冬瓜を入れて、煮詰めて干したものです。冬瓜の肌理細やかな繊維の中に砂糖が染みわたっていて、口に含んだ瞬間に、じゅわっと跡形もなく溶けてなくなる。南国の甘き果物を口いっぱいに含んだらこんな感じになるのではないかと思わせてくれます。それでいて上質な砂糖を使っているので、後口にはくどさがありません。琉球の王様や貴族の食べた菓子です。凍らせても美味。

八月二二日

菓■橘餅《きっぱん》―謝花きっぱん店（那覇）
器■琉球沈金食籠　江戸時代初期

白く化粧した沖縄版柚餅子。香り高く、王朝の歴史に思いが到ります。カーブチーや九年母というやんばる産の沖縄独特の柑橘類を使った菓子です。かつては儀式のときに琉球風の器に盛った菓子で、巷の人は食べられませんでした。手間のかかる菓子で、今も作っているのは、この店だけです。

八月二三日

菓■寒氷《かんごおり》 吉はし（金沢）
器■紅銅片木目盆　三代吉羽與兵衛作　現代

処暑。とはいえまだまだ氷が嬉しい頃。寒天と砂糖を練って、空気を混ぜ合わせて半濁させる、すりガラスと同様に涼しさを呼ぶ、「すり琥珀」とも呼ばれる技法。とろりとした舌触りが面白い菓子です。ふだんは四角ですが、今回は氷をイメージして、二等辺三角形に切ってもらいました。

八月二四日

菓■鼈甲羹《べっこうかん》—花乃舎（桑名）
器■義山（バカラ）切子鉢　昭和時代

色あいに秋の風情も。琥珀羹と同じ寒天ですが、中に大徳寺納豆ではなくて大島羹（黒糖の羊羹）を入れて黒と飴色の対比を強調し、鼈甲の斑文に見立てています。

八月二五日

菓■石竹《せきちく》―御倉屋（京都紫竹）
器■七官青磁松皮菱形皿　明時代

石竹とは撫子の異名。銘よし味よし見ためよし。子供の頃、憧れの菓子でした。卵白を泡立てた純白の淡雪羹の中に、うっすら漉し餡の色が覗く風情が、白い撫子が湛えるわずかな紅色の風情を写して、大好きな菓子です。なめらかな素材の取り合わせが絶品。

八月二六日

菓■宝寿糖《ほうじゅとう》　緑菴（京都鹿ヶ谷）

器■黄銅青海盆　萩井一司作　現代

ふくらませた餅粉の粒が炭酸の泡のよう。黒糖の寒天との取り合わせ。

八月二七日

菓■ずんだ羹《かん》—六雁（東京銀座）
器■南鐐円孔透鉢　三代吉羽與兵衛作　現代

枝豆をすりつぶした「ずんだ」は東北の夏の味。四角く切ることが多いのですが、水玉の菓子器に合わせて丸く抜きました。料理屋の菓子は、できたてをすぐ食べるものなので、限界まで柔らかくしたり、日持ちや持ち運びを考えずに作ったりできるという楽しみがあります。

八月二八日

菓■水羊羹《みずようかん》｜甘泉堂（京都祇園）
器■祥瑞松竹梅文輪花皿　明時代

水羊羹も色々ですが、京都では
ここ。祇園の夏の風物詩です。

八月二九日

菓■葛《くず》―手製
器■赤杉木地片木銘々皿　井川信斎作　現代

葛の茶巾絞り。私が高校生のときに見た本では、江戸千家の家元が作られていました。夏の朝茶事には、凝った上菓子よりもむしろ喜ばれるかもしれません。上から振りかけた砂糖が、夏の雪。あってなきもの。

八月三〇日

菓■絹《きぬ》のしずく｜亀末廣（京都烏丸御池）
器■堆朱花鳥文大盆　東本願寺伝来　元時代

口に入れたとたんに、ほろほろとくずれる食感が、この銘にふさわしい。押し物、干菓子というと長持ちすると思われるかもしれませんが、実は作りたての口溶けの良さが大事な場合もあります。本来なら固く締まってしまうであろう干菓子を、いかに口溶けよく柔らかに鮮やかに作るかが、菓子屋の腕の見せどころです。一休寺納豆を三粒載せて。夏の名残りに。

八月三一日

菓■蓮根《はすね》羹《かん》―森八（金沢）

器■蓮の葉

加賀名産の小坂蓮根を用いた菓子。シャリッとした食感がみずみずしく、秋の訪れを思います。このように、蓮の葉や笹の葉、自然のものを器に使うのもご馳走です。

和菓子の世界　四

器との取り合わせ

菓子器の基本

器ありきで菓子を考えることもあれば、この菓子に合う器は……と考えることもあります。上生菓子であれば、黒の縁高でも良いのですが、手製の菓子や郷土菓子的なものを茶席に取り込むときは、余計に器が大切です。茶人は、物そのものを作る代わりに、見立てる、取り合わせをする、そしてしつらえるということをします。菓子と器の関係には、それが象徴的に表れています。ただし、この『一日一菓』での取り合わせを、私は実際に茶席では使わないかもしれません。茶室からのトリミングではなく、器と菓子の取り合わせだけで完結して、読者の方をもてなすつもりで選んできたからです。実際の茶席でやってしまっては、過剰になることもあると思います。

菓子器を求める人には、最初に李朝の台鉢と黒い盆を勧めています。高さがあると、中身が上等に見えますし、黒はたいていの物が映えます。文様やディテールに凝った器は、使うタイミングの見極めが難しいので、最初はおおらかで、どんなものでも受け入れてくれる器がよいでしょう。それから根来の赤い器、染付やガラスに加えて、砂張などの金属の器をお持ちになれば、まずは一年楽しめるでしょう。やがて「この器に合わせたい」というものとの一期一会にも恵まれるはずです。

我々数寄者は、選びたいのです。稚拙であっても動きのあるものの中から選びとることを良しとする美意識ですから、伊万里のような完成度が高いものは、あまり好みません。利休の黒棗のように、茶の湯のためにデザインされた、誰もが手に入る美しい方程式自体を賞翫できる場合は別です。選ぶ楽しみがなく、茶の湯の文脈に絡めた方程式もない場合、途端に使わなくなります。

菓子器ではない物でも、使うことに境界はありません。それが「見立て」の醍醐味です。ただ、見立てる人の眼が問われるのも当然のことなので、面白くもあり、難しくもあります。茶の湯の歴史や文脈を踏まえず、無理に取り込むと、必要以上の負荷がかかった不自然なものになり、ご馳走にはなりません。

選ぶことを超えて、どこにもない場合は作ることもあります。たくさんの菓子と器の取り合わせを考えるうちに気づいたのですが、どこにもないゆえに作ることが必然、となってはじめて現代の作家に作ってもらう形でないと、なかなか新しい物を使う気持ちになれませんでした。今回は和菓子の基本と言えるような銘菓を多く紹介したかったため、伝統的な菓子と新しい器との相性の問題もあったのだと思います。古い物を受け入れて選ぶ喜びもあれば、新たに作って加える喜びもあります。作り手には、無数にある菓子や器の伝統的なバリエーションに敬意を払って学んだ上で、怯えずに、気持ちはおおらかに、技術は確かに、作り方は入念に、ありとあらゆる新たな造形に挑んでほしいものです。そうして作り出された新しいカタチに出会うことで、また、新鮮で必然的な見立てが生まれるはずです。

唐物と和物

中国渡来のものを唐物、日本で作られたものを和物と呼び、伝統的に唐物を格上と見なします。また、朝鮮のものは高麗物、東南アジア製のものを島物と呼びます。

素材による分類

金属器

青銅の古称である唐銅は、格の高い席に。銅と錫と鉛の合金で、仏具などに使われてきた砂張も茶事に向きます。もとは中国から輸入した銀を指した南鐐は、良質の銀製の器の総称になりました。金属盆は干菓子によく用いられ、とくに銀器は夏場に好まれますが、古格のある砂張などは、夏場に限りません。

ガラス器

盛夏に活躍するガラス器。江戸期の吹硝子、薩摩切子、江戸切子といった日本製はもちろん、外国製で好ましいものも。とりわけ、茶の席で珍重されるのが、大阪の美術商・春海藤次郎の発注でフランスのバカラ社が製作した「春海バカラ」です。はじめは反発もありましたが、現在では夏に不可欠な器になったのは、バカラのカット技法を活かしながら、茶席の寸法に合い、日本人の手に馴染むよう設計して作らせた点が重要です。道具を見立てる、麗しい形に落とし込んだ好例です。ローマングラスの碗なども、出会いによっては面白いでしょう。

塗り物

焼き物よりも日本人と共にいた時間が長い器で、黒や朱の盆や銘々皿は、使い勝手の良いものです。下地の仕事、仕上げの丁寧さなどの作り手の差が、器に備わる格式の差にはっきり出ます。タイ、ミャンマーから伝わった蒟醤（キンマ）の台鉢のように、本来は下手な物から品のある物を選りすぐって茶席で使うのも、ある種の贅沢です。ただし、場の品と格、すなわちコードを踏まえる感覚は大切です。

木地物

白木のままの木地の器は、年中通して有効に使えます。だいたい濡らして使うので、夏場には濡らした青葉と合わせると効果的。また、無垢なものを使うことが、何よりのもてなしに。使い捨てが原則という、ある意味、質素で粗なものですが、それゆえに格が高きにも、日常にも振れる、清浄な潔さとおおらかさの共存する器です。

焼き物

○**白磁**　北宋・定窯などの端正な物よりは、李朝の台鉢のような物の方が幅広く使いやすいでしょう。歪みや色のくすみが、様々な菓子を受け入れるおおらかさになるからです。堅くしっかり焼かれているので、ふだん使いもできます。

○**青磁**　水辺や森の緑を思わせる色合いは、白磁よりも使いやすい。でも、官窯製や浮き牡丹文入りなど、格が高過ぎると、やはり取り扱いが難しくなります。龍泉窯の青磁のうち、南宋は砧手、元から明は天龍寺手、明末から清は七官手と呼びます。高麗や日本にもわたり、伊万里青磁も有名です。凛とした品格は、無上のもの。

○**染付（青花）**　五月から一〇月の風炉の頃、とくに初夏から盛夏は、青と白のコントラストが嬉しい時候です。染付磁器のうち、特に明末に景徳鎮の民窯で焼かれたものを古染付といい、格が高いので年中使われます。多くは日本からの注文によって作られ、時代ものの染付の器すべてを古染付と称するのは誤り。一般に茶器では、おおらかな描線が愛されてきましたが、最上手の祥瑞は、鮮やかなコバルトの発色、捻文などの幾何学文様や、緻密な線が、丁寧なもてなしに向きます。

○**色絵**　磁器や陶器に赤・黄・緑・紫・黒などで上絵付けしたもので、明清時代に磁器として発達しました。五彩とも。金彩を施したものは金襴手、銀彩を施したものは銀襴手、器の地色によって赤地、萌黄地、瑠璃地などと呼びます（例・赤地金襴手）。日本で有名なのは、磁器なら九谷の五彩や有田・伊万里の錦手、色鍋島。陶器なら、野々村仁清以降の京焼（幕末以降は、磁器も多い）。伝統的に茶器としては、九谷や京焼を好み、有田・伊万里の磁器は敬遠してきました。具体的な文様なので、菓子との取り合わせには工夫が必要です。

○**赤絵**　色絵の一種で、色絵と同じ意味で使われることも。白い胎土に施された釉の上から赤を基本に着彩したもので、白磁・青磁に準じた格があります。総じて、陶器よりも磁器のほうが格上です。明末、嘉靖・万暦年間に作られた官能的で濃艶な絵付けの万暦赤絵は、日本では最上の扱いを受けてきました。また、明末から清初に焼かれた、奔放な絵付けの呉須赤絵なども茶人が愛好。胆礬（タンパン）と呼ばれる青い釉薬で上絵付けを施した青呉須、呉須青絵は、特に珍重されます。精緻な九谷赤絵などは官窯のものと一緒で、菓子によって向き不向きが顕著です。やはり赤はめでたい色なので、豪華な、ハレのときを飾るための器です。

○**土物**　秋になると、土物（陶器）の柔らかいものが好まれます。炉開きに定番の「三べ」とは、伊部（備前）の灰器、瓢の炭取、そして織部の香合のことで、本来は炭手前で好まれた取り合わせです。現在では茶席のいたるところでこの三つを揃えようとします。織部の緑釉とむっくりした茶色い色目が土と苔の緑を感じさせて、炉の印象に彩りを与えてくれるので喜ばれてきたのでしょう。土物の器にある土の「温もり」は、とても大事な要素で、志野の焼き物が和物の最上とされるのは、緋色に代表される柔らかで温もりある質感からです。ただし、備前・伊賀などの焼締め系は、濡らして使う清涼感から、織部は、その鮮やかな緑釉をたよりに、夏季に用いても嬉しいものです。春には、明るい色目の交趾（コーチ）焼が好まれたりします。

形による分類

椀・碗

主菓子を入れるための菓子椀は、少し低めで高台がやや広い、蓋付きの椀です。銘々に菓子を出すときの正式な形ですが、最近では新茶を開ける口切の茶事や、茶懐石の最後で用いる以外は、あまり見られません。

盆

干菓子は基本的に塗りの盆や木地、銀・砂張などの金属盆に載せ、焼き物は使いません。折敷は、本来は懐石で料理を並べる縁付きの盆です。古い折敷は、経てきた時代に敬意を表して菓子器に見立てることが許されると思いますが、現代物の折敷を菓子盆として使うことには注意が必要かもしれません。

皿

一人ひとりに取り分ける銘々皿は、大きさが大切です。とくに上菓子の場合には、一回り大きいぐらいの皿で、余白が美しい方が、きれいに見えます。もちろん金平糖などの手でつまんで食べられる菓子は、豆皿などの小さな器を使いこなす楽しみもあります。

鉢

皿より深く、椀より浅いのが鉢です。料理と同じように菓子を取り回しの鉢に入れるのは、懐石の一部だった名残りです。普段、自宅で出すときにも、菓子鉢に入れて、銘々に懐紙を渡すという方法も、良いのではないでしょうか。そのときは、青竹ではなくても、小洒落た、それ自体を見てもらえるような箸を使うのも面白いものです。手鉢は、ほとんど茶の世界にしか残っていません。織部の手鉢こそが日本の焼き物の最高峰と言った目利きの古美術商がいるぐらいで、なかなか初期の様式を超えるのは難しいのでしょう。器自体に高さが出るので、侘びのなかにも豊かさ、華やかさが出ます。

重箱・食籠・縁高

重箱は慶長年間から頻繁に使用され、初期の頃から菓子は小さい重箱に入れられてきました。食籠は蓋付きの深い盛り込み用の器ですが、もともとは書院飾りの一つです。円形や角形で、重ねる物もあり、塗り物も焼き物も用いられます。主菓子によく使うのが、縁高です。縁高は折敷の縁を高くしたもので、五つ重ねたものを一組とし、蓋をします。蓋付きの食籠や段重、縁高などを用いると、菓子こそ最高の嗜好品であるから丁寧に取り扱おうという思いが込められます。茶席や正式な場の雰囲気になりますし、正月などにも好まれますが、日常やカジュアルな場では使いにくいかもしれません。ただ、ときには菓子屋の通い箱のように、重箱に色々な菓子を詰めて、お客さんにお出しするのも楽しいのではないでしょうか。

懸盤

折敷を四脚の台に載せ、のちに作り付けになった懸盤は、やはり高さが出るので改まった感じがします。ハレのときに使う一人用の膳です。

高坏

足のついた器で、高さがあるので格が出ますし、それでいて菓子をぱっと手で摘みやすいものです。かつては土器でしたが、平安時代以降は漆器になりました。本書では、角がとれてボロボロの根来の高坏を使いました。もとは祭器であるこの器から、神饌が菓子の源流であることを感じ、あえてそこに踏み込んだもので、日常の器としては難しいかもしれません。

そのほか

西洋物

西洋の食器は、西洋の料理や菓子の過飾の豪華さを受け止めるためのものですから、よほど気をつけないと、和菓子との取り合わせは悪いものです。骨格からして違うものなので、同じ染付でも、ロイヤルコペンハーゲンやマイセンの器には、和菓子は載りません。中国や日本が焼き物先進国であった頃に、日本の茶人がオランダのデルフトにわざわざ発注して作らせたように、至らないことで生まれた動き、稚拙な中の巧まざる美として拾い上げたものは似つかわしいと思いますが、現代まで残されてきたデルフトの器の傍らで、日本の茶人や好事家が見向きもしなかったあまたの器が捨てられているはずです。

民藝物

根来塗や丹波焼は本書でも登場しましたが、小鹿田焼や瀬戸焼の馬の目皿などの典型的な民藝物は使いませんでした。もちろん、合う菓子はあるでしょうし、そういう枠で選ぼうと思えばできたと思いますが、ある種のギャップを喜ぶ茶の文化には、現実的な侘びしさは相性が悪いのです。あまりに生活感が出るものは、「市中の山居」には向かないということだと思います。

九月

長月《ながつき》
小田刈月《おだかりづき》
菊月《きくづき》
玄月《げんげつ》
高秋《こうしゅう》

九月、いよいよ秋を迎えます。桔梗、撫子、女郎花、萩などの秋の七草が、菓子の意匠や銘に用いられ、九日の重陽の節句から、菊も顔を出しはじめます。仲秋は旧暦の八月ですが、中秋の名月は、いまの九月です。月見の月見団子だけでなく、名月、田毎の月などのように、月がついた銘の菓子が多い時期です。宮城野の月、武蔵野の月といった月の名所の地名も好まれます。帰雁の時期でもあり、「月に雁」は大切にされる意匠の一つ。新涼をおぼえる頃になると、夏には避けていた餅菓子や、練切などの素材が再び使われるようになります。

行事

重陽　中秋の名月　観月　夜長　虫の声　初雁　秋の山

主菓子

秋の山　岡の秋　女郎花　菊花餅　砧巻　栗きんとん　栗粉餅
栗羊羹　胡桃きんとん　米の花　山家の秋　水月　田毎の月
重陽　月の明　月の餅　月見草　月見だんご　月見餅
外山の梢　豊の秋　後の月　法の衣　萩の露　初雁　花野
宮城野　葎の秋　名月　山路　山路の露　呼子鳥　蓬生
鷲の山

干菓子

秋の色　芦　綾絹　磯の月　兎　枝豆　小田雀　雁　桔梗
砧　小芋　月　月世界　月煎餅　月の雫　つぼつぼ　とんぼ
七草　鳴子　初雁城　初雁煎餅　三笠　水　水面鏡

九月一日

菓■野分《のわき》―末富（京都四条烏丸）
器■伊部四方足付皿　江戸時代初期

二百十日。葛を焦がしただけで、
野分の跡を感じさせる。餡もな
にも入っていません。

九月二日

菓■孟秋《もうしゅう》―塩野（東京赤坂）
器■古伊万里吸坂手鶴文輪花皿　江戸時代初期

孟秋は初秋の意。こなしや練切といった素材は、暑さがやわらぐと嬉しいもの。中は黄身餡です。

九月三日

菓■水月《すいげつ》—末富（京都四条烏丸）
器■初期伊万里写吹墨兎文皿　加藤静允作　現代

映るとも思わぬ月を映すとも思わぬ水に映して。梔子で黄色く染めた寒天を、丸く棹にしたものを切ってあります。ただ美味しいというよりも、銘と、使われる時期と、器との取り合わせで、まさしくというところではないでしょうか。

九月四日

菓■桔梗《ききょう》―塩野（東京赤坂）
器■草花文土器皿　尾形乾山作　江戸時代

夏の間は影を潜めていた餅菓子も、九月の声をきくと使われ始めます。同じ桔梗でも、わずかな季節の違いで、寒天、餅、こなし、練切と、素材の移り変わりで季節を感じながら楽しめます。

九月五日

菓■水面《みなも》の月《つき》—源水（京都二条）

器■赤楽鷺文鉢　樂宗入作　一〇代旦入所持　江戸時代

水に映した月というと、まだ寒天も好まれる素材です。「芋名月」にちなんだ芋餡を使い、「豆名月」にちなんだ小豆を散らして、流れる水、そこに映った月、川の底の小石を表した菓子です。

九月六日

菓■女郎花《おみなえし》｜愛信堂（京都西陣）
器■仁清写武蔵野図透鉢　二代須田菁華作　昭和時代

露をふくんだ女郎花。七草の中でも心ひかれる花です。畳み物と呼ばれる仕上げ方で、赤ければ梅の花、黄色く染めて白い露を散らせば女郎花です。

九月七日

菓■秋《あき》の露《つゆ》｜松華堂（半田）
器■古九谷草花文大鉢　江戸時代初期

白露。ようやく「露」という語に思いがゆくようになりました。葛の菓子も、やや葛の量を減らして、中に入れる餡の色が、秋草の風情になってきました。

九月八日

菓■菊寿糖《きくじゅとう》―鍵善良房（京都祇園）
器■脚付菓子器　駒澤利斎作　仙叟好　江戸時代

菊は不老長寿の上薬でした。九月に入ってくると、菊が意匠として好まれはじめます。和三盆の押し物として古くから有名なもので、固そうに見えますが、口に入れるとあっという間にほどけてなくなります。普段は白だけですが、色を染め変えて、華やかさを出しました。全きを嫌い、一つ欠けさせました。

九月九日

菓■着《き》せ綿《わた》―聚洸（京都鞍馬口）
器■黒漆夜菊文銘々皿　近藤道恵作　江戸時代

重陽の節句といえば着せ綿の菓子。菊の花の上に載せたきんとんのそぼろが、綿の風情です。菊花の露でしめらせた綿で肌をぬぐうと美人になる、と昔の人は信じていました。

九月一〇日

菓■雁来紅《がんらいこう》—亀廣保（京都烏丸御池）
器■一閑張矢筈盆　大小二組ノ内　一〇代飛来一閑作　江戸時代後期

雁来紅とは葉鶏頭のことです。雁が来るころ、まっさきに紅く色づくことから。

九月一一日

菓■巻絹《まきぎぬ》｜松華堂（半田）
器■呉須青絵南蛮山水絵大鉢　前田家伝来　明時代末期

「万戸衣《きぬ》を擣《う》つの声」（李白『子夜呉歌』）。漉し餡を葛で巻いただけですが、それがむつかしい。餡を葛でくるんだふつうの葛饅頭と一緒だろうと思ったら、さにあらず。「のの字」に巻くことで、葛と餡とのバランスが絶妙になっています。ちょっとした製法の工夫が、大きな違いを生むのです。

九月一二日

菓■月旅行《つきりょこう》—鍵善良房（京都祇園）
器■朝鮮砂張碗　高麗時代

モダンなかたちと銘、淡雪羹の軽さも心地よい。夜空のようなさびはてた砂張のブルー。実は骨董屋でたまたま見つけたこういう器のほうが、ご見物の反応が良かったりします。

九月一三日

菓■如心《じょしん》納豆《なっとう》―千歳屋（京都聖護院）
器■蒔絵淀水車文小食籠　初代長野横笛作　江戸時代

表千家では中興の祖、如心斎の天然忌が行なわれる日。大徳寺納豆を入れて、きな粉でくるんで固めた、侘びた菓子。塩気がかった古風な菓子です。

九月一四日

菓■豆餅《まめもち》―出町ふたば（京都出町柳）
器■根来塗懸盤　室町時代

この豊かさこそが「菓子」といつも思います。和菓子には色々な役割があります。「おもてなしの菓子」とも違い、ただ食べて美味しい、口中で豊かさを感じる菓子。餅や餡の甘さに対して日本人が抱いてきた愛着と憧れ、官能を十二分に与えてくれるのは、むしろこの豆大福のような菓子のほうです。生身の快楽も、ちゃんとお腹に入れておかないとわからない。乳房のような餅の柔らかさとぬくもり。根源的なもの。

九月一五日

菓■さなづら｜榮太楼（秋田）
器■秀衡椀　室町時代

そろそろ山中では秋の実りの時期です。「さなづら」とは山葡萄のこと。果汁を濃縮して寒天で固め、経木に挟んだ、葡萄羹のような、秋田の名物です。ざんぐりとした秀衡椀との取り合わせが映えます。

九月一六日

菓■糸巻御所落雁《いとまきごしょらくがん》―河内屋（南砺市）
器■唐物内朱漆四方盆　明時代末期

落雁とは、白地に散る黒胡麻を空飛ぶ雁に見立てた名とも言われています。糸巻きの形はこの店ならではですが、この地に製法が伝えられたころの風情を湛えている古い菓子。もうすぐ雁が飛ぶ季節です。

九月一七日

菓■初雁《はつかり》―末富（京都四条烏丸）
器■初期伊万里吹墨兎文皿　江戸時代初期

白い百合根は月に照らされながら夜空をゆく雁。黒糖の香りと百合根のシャリッとした歯ざわりは、初秋のご馳走。

九月一八日

菓■初雁焼《はつかりやき》｜亀屋（川越）
器■朽木盆　江戸時代

川越名産の薩摩芋を薄く削いで焼き、周りに胡麻を散らして、蜜を塗って干した郷土菓子。飛びくる雁をつけた銘も良く、古くから茶人に愛されてきました。初秋から晩秋にかけては、侘び寂びを感じさせる季節ですから、こうした素朴な素材をそのまま生かしたような菓子は、自ずから好まれます。

九月一九日

菓■まさり草《ぐさ》―聚洸（京都鞍馬口）
器■銹絵菊詩画重色紙皿　尾形乾山作　江戸時代

彼岸の入り。求肥製の餅を菊の花の形に畳むことで、菊の異名の「まさり草」。和菓子の世界では、伝統的な言い回し、作り方です。

九月二〇日

菓■野辺《のべ》の菊《きく》—吉はし（金沢）
器■朽木盆　江戸時代

心ひかれるのは大輪の菊だけではありません。「朽木」は滋賀の地名ですが、このように菊花文様が描かれたものをはじめ、ざんぐりとした風合いが特徴の盆です。

九月二一日

菓■千代見草《ちよみぐさ》—とらや（京都一条）

器■色替捻文高坏　樂弘入作　明治時代

千代見草も菊の異名。斬新な意匠ですが、とても古い菓子です。三色のこなしをねじり上げて茶巾絞りにしていますが、このねじれが咲き乱れる菊の花を思わせて面白いです。

九月二二日

菓■はぎの餅《もち》―川端道喜（京都北山）
器■根来塗台鉢　桃山時代

彼岸の中日。宮中でも供された菓子。「おはぎ」は萩乃餅の女房詞ともいわれます。漉し餡の中には、半潰しにされた手強い餅。川端道喜が宮中に納めていた、天皇の朝ごはん「朝餉餅《あさがれいもち》」はもっと大きい、塩味の餡ですが、その朝餉餅を思わせる形です。最も格式があるものは、それゆえに素朴極まりないということを考えさせてくれます。

九月二三日

菓■月香《げっか》—笹屋友宗（岡山）
器■唐物黒漆輪花盆　明時代

月の香りとは、なんともゆかしい銘ではないでしょうか。拍子木に切った黄色い琥珀羹に砂糖をまぶしたもので、シャリシャリとした食感。干菓子、生菓子ともに有名な、岡山の茶席を代表する菓子屋です。

九月二四日

菓■江出《えで》の月《つき》―志乃原（高岡）
器■砂張青海盆　初代魚住為楽作　昭和時代

ところは変れども変らぬ月の姿を思って。富山湾に映し出された名月をイメージして、安政年間に創案された高岡の銘菓です。水色の極薄い朧種に、白味噌餡をはさんでいます。器の初代魚住為楽は、我が国における「砂張」作りの第一人者です。

九月二五日

菓■雁宿《かりやど》おこし―松華堂（半田）
器■蒔絵秋草文手付丸盆　江戸時代後期

半生のおこしで漉し餡を包んだもの。ざらりざらりとした食感で、かすかな雁の焼き印も。秋の侘び。

九月二六日

菓■月代《つきしろ》―聚洸（京都鞍馬口）
器■古染付山水人物文木葉形向付　明時代末期

月は限なきをのみ見るものではありません。いよいよ葛の菓子も名残り。この時期に使うことが多い黒糖の葛で、白餡を薄く包み込みました。暗闇に浮かぶ月を写しとった菓子です。

九月二七日

菓■カスドース｜蔦屋（平戸）
器■萩十字文割俵形鉢　江戸時代

カステラと同じ頃に伝わったとされる南蛮菓子。平戸松浦家のお留め菓子――注文がなければ作らない、特別な限定仕様の菓子でもありました。見事な月色は卵の黄身の色です。どろどろに溶けた糖蜜にくぐらせて、干して、さらに白い砂糖をまぶした菓子です。甘さというものはすなわち豊かさ、贅沢さの象徴でした。

九月二八日

菓■風流団喜《ふうりゅうだんき》—末富（京都四条烏丸）
器■根来塗高坏　室町時代

待宵。有職故実に基づく色あいが美しい、餅製の月見団子です。

九月二九日

菓■月世《つきせ》界《かい》―月世界本舗（富山）
器■一閑張黒四方盆　一〇代飛来一閑作　宗全好　江戸時代後期

月のはかなさを思う菓子。メレンゲ、寒天、砂糖の淡雪を干し固めた干菓子ですが、切付けの鋭さ、角の立ち方、純白の色、なんとも風流ではありませんか。

九月三〇日

菓■月読《つくよみ》一愛信堂（京都西陣）
器■白磁台鉢　黒田泰蔵作　現代

中秋の名月。月の神への捧げものです。茶の湯では、月見、雪見、花見を三雅の茶と言いますが、うち二つは団子がつきもの。本来月見団子は飾るものですが、食べる団子として作りました。黒は土の色を表した黒糖風味の大島餡のこなし、この時期名残りの草花の緑と、月と露の色の白。春の団子よりも、私はこの秋の色の取り合わせが好きです。「月見団子は串には刺さぬ」と古人が言うので、松葉に刺してみました。

一〇月

神無月《かんなづき》
時雨月《しぐれづき》
初霜月《はつしもづき》
陽月《ようげつ》
玄英《げんえい》
小春《こはる》

一〇月は名残りの月です。名残りという言葉には三つの意味があって、「秋の名残り」、一一月から炉になるので「風炉の名残り」、それから、新茶の封を開ける前の、一年の茶壺の「お茶の名残り」でもあります。いずれにせよ、心許なく寂しい秋を演出するということが大事にされる季節です。もちろん、名残りの月を愛でるのも良いですし、花なら菊の意匠はますます盛んに。やがて、稲穂が実りの季節を迎えれば、鳴子や雀といった、田畑の実りを表現するような菓子が待ちどおしい時期でもあります。鳥で言うなら、雁が済んだら、次は鶉です。

行事

落し水　晩秋　茸狩　観菊　名残

主菓子

秋の山　栗餅　浮舟　鶉餅　延年　柿羊羹　かま餅　唐餅
菊重　菊花餅　菊きんとん　菊衣　菊の露　着せ綿　草野原
栗きんとん　栗羊羹　光琳菊　木実羊羹　嵯峨野　里時雨
塩かま　賤か家　重陽　千代の菊　萩落葉　吹上　福良雀
彭祖　豊年餅　松風　稔りの秋　村雨　村雨餅　餅　百代草
山雀餅　柚餅　落雁餅

干菓子

栗おこし　稲穂　枝豆　小原木　からいた　菊　菊葉
くるみ漬　光琳菊　こおろぎ　五穀糖　笹飴　笹葉さや豆
残花　塩木　雀　鳴子　ねじ切　法の影　萩の里　捻り
松葉　豆　寄生木

一〇月一日

菓■菊《きく》　菊《きく》ノ葉《は》｜亀屋伊織（京都二条）
器■蒔絵菓子重　姫長作　平瀬露香好　明治時代

十六夜の月。重箱に菓子を詰めて月見に。十六夜の月見をイメージして、菓子重に菓子を盛り込んでいきます。

一〇月二日

菓■雁金煎餅《かりがねせんべい》―亀屋伊織（京都二条）
器■蒔絵菓子重　姫長作　平瀬露香好　明治時代

立待の月。「月に雁」ではもっとも好きな干菓子です。不揃いな半月型に切って、そこに雁の焼き印。雁金とはまた、雁の鳴く声（雁が音）で、それに金という字を当てたのは、月の黄色からでしょうか。銘、形、月に雁の意匠として、美しい菓子だと思います。満月よりは半月、不揃いのなかに情緒を感じるというのは、茶の湯が日本人に与えた大きな価値観なのではないでしょうか。

一〇月三日

菓■松露《しょうろ》—二条駿河屋（京都二条新町）

器■蒔絵菓子重　姫長作　平瀬露香好　明治時代

居待の月。松露も秋の風物詩。口溶けのよさが身上です。松の根にできる白い茸を写しとった、言ってしまえば「あんこ玉」の奥ゆかしい美名です。すり蜜でコーティングしています。

一〇月四日

菓■名月《めいげつ》—松華堂（半田）
器■蒔絵菓子重　姫長作　平瀬露香好　明治時代

寝待の月。中秋の名月は俗に芋名月とも呼ばれるので、芋の形で。

一〇月五日

菓■武蔵野《むさしの》―吉はし（金沢）
器■蒔絵菓子重　姫長作　平瀬露香好　明治時代

更待の月。武蔵野に浮ぶ月。白く散らされた煎粉は、溢れる萩の花。

一〇月六日

菓■芋《いも》　芋《いも》の葉《は》　亀廣保（京都烏丸御池）
器■根来塗隅切盆　桃山時代

きわめて具象的に作られています。こうした遊びも茶の湯のうちです。

一〇月七日

菓■田《た》毎《ごと》の月《つき》（大沢の月）―源水（京都二条）
器■伊万里青磁角皿　江戸時代初期

芋名月にちなんだ芋餡製。菓子屋による銘は「大沢の月」です。菓子の銘は、菓子屋がつけている場合や定番の銘もありますが、その日の趣向や器に合わせて亭主が名前をつけるのも大事な作業です。名付けと取り合わせの妙に、お客は酔いしれたいもの。これは器をずらして田んぼの一枚一枚に映る月に見立てましたので、「田毎の月」と名をつけ替えました。

一〇月八日

菓■菊花《きくか》餅《もち》―川端道喜（京都北山）
器■色絵菊皿　尾形乾山作　江戸時代

露をおびてなお美しさを増すのが菊。宮中でも用いられたゆかしい菓子です。川端道喜では基本的に餅菓子を作りますので、素材は同じですが、ときに型にはめ、ときに畳み方を変え、ときに焼き印を押すといった、必要な手数を加えて、銘とともに季節を表します。老舗の力とは、こうしたところではないでしょうか。

一〇月九日

菓■撫子《なでしこ》—聚洸（京都鞍馬口）
器■色絵秋草文皿　永楽妙全作　明治時代

枯野に咲く撫子は可憐なだけでなく、つよさも感じます。練切で形を作った、細工物の美しい菓子です。

一〇月一〇日

菓■真盛豆《しんせいまめ》—金谷正廣（京都西陣）
器■染付草花文壺　李朝時代

きな粉と煎った黒豆と青海苔による、古い菓子。如心納豆（九月一三日）もそうですが、砂糖甘くて柔らかいことが美味しさと思っている人からすれば、意外な味ではないかと思います。このような鄙びた菓子を、これはこれで良いものだとわかれば、茶の湯の侘びに触れる喜びも増すのではないでしょうか。真盛上人という、西教寺を再興した天台宗の僧が考案したとされる菓子です。

一〇月一一日

菓■夜半《やわ》の月《つき》━吉はし（金沢）

器■彫文菓子皿　川喜田半泥子作　昭和時代

空に月はなくとも、月を愛でることはできます。「武蔵野」（一〇月五日）と素材も色も近いのですが、月があからさまに浮かび、銘と菓子器が変われば別の風情になります。半泥子の器に合わせて選びました。

一〇月一二日

菓■月窓餅《げっそうもち》—村田文福老舗（大洲）
器■根来塗片身替銘々皿　江戸時代

伊予の小京都・大洲は、肱川に映る月が美しい町。江戸前期の傑僧・盤珪永琢《ばんけいようたく》の開いた如法寺という寺もある、禅の歴史も背負うような町の銘菓とも言えます。本蕨粉を使った柔らかい菓子。「馬の鼻のように柔らかい」と賞した殿様もいました。

一〇月一三日

菓■くるみ餅《もち》―かん袋（堺）
器■無地刷毛目平茶碗　神戸家伝来　李朝時代

貿易港堺の銘菓です。明などの外国からもたらされた穀物を使った餡で餅をくるんで茶菓子としたもの。かん袋という店は、大坂城築城の際、堺の町人衆が上納金の礼として招かれたときに、工事中の天守閣を見た当時の当主が、瓦をひょいひょい屋根に放り上げて手伝ったさまを見た秀吉が「かん袋（紙袋）が散るのに似たり」と喜んで、商号となりました。桃山の昔に思いを馳せる、素朴だけれど後を引く美味しい菓子です。

一〇月一四日

菓■千成《せんなり》｜吉はし（金沢）

器■蒔絵桐裂地文様菊形高坏　二代辻石斎作　昭和時代

青かった瓢箪が色づくのもこの頃。豊太閤を思わずにはいられません。手亡豆（白インゲン）で作った、黄色い餡の瓢箪形の菓子です。辻石斎は、魯山人ともつながりの深い、山中の塗師です。

一〇月一五日

菓■やき鮎《あゆ》―玉井屋本舗（岐阜）
器■沈金皿　赤木明登作　現代

落ち鮎は秋のご馳走。長良川の鮎を想起させてゆかしい。年中ある菓子ですが、落ち鮎の風情なので、この時期に用いるのがよい気がします。小麦粉と砂糖、卵、山芋の生地を焼き上げ、中は空洞なのでパリパリと食べます。岐阜を代表する菓子屋です。

一〇月一六日

菓■菊襲《きくがさね》｜愛信堂（京都西陣）
器■根来塗隅切盆　室町時代

蘇芳に白は、秋を表す菊襲の色目。秋冷です。求肥餅で染め分け、誰が袖や半月に畳んだ「菊襲」という菓子は、京都では古くから作られていたのですが、今では途絶えたものの一つです。

一〇月一七日

菓■光琳菊《こうりんぎく》―塩芳軒（京都西陣）
器■乾山写色絵菊文手鉢　永楽即全作　昭和時代

まるまると豊かな菊。柔らかな羽二重餅は、塩芳軒のお家芸です。菊という花の華やかさ、そして乾山の兄・光琳の作った、丸い饅頭菊とも言われる「光琳菊」の風情そのままではないでしょうか。

一〇月一八日

菓■光琳菊《こうりんぎく》―末富（京都四条烏丸）
器■菊漆絵皿　満田道志作　江戸時代

満開の菊に露がおります。やがては霜に。道明寺製の餅で作ったこちらも、光琳菊。丸いふくよかな菊の周りに、霜に見立てた氷餅をまぶしてあります。

一〇月一九日

菓■月《つき》の雫《しずく》―松林軒豊嶋家（甲府）

器■竹生島菓子器　近藤道恵作　江戸時代

砂糖の衣の中には甲州名産の葡萄の実がそのままに。銘もまことに言い得て妙。砂糖をしゃりっと噛んだ途端に口の中に溢れる果汁のみずみずしさといい、喉を過ぎるコクといい、とても洒落た菓子。葡萄には種も入っています。種がないと、砂糖の衣に負けないコクのある甘さは出ないでしょう。芯がないといけないというのは、人にも通じます。

一〇月二〇日

菓■つく俵《たわら》―源太（東京新宿）
器■鳴海織部洲浜形手鉢　桃山時代

日本は瑞穂の国、すなわち稲穂の国ですが、豊かな実りを象徴する俵型の菓子です。こぼれ落ちた米のように見える白いつぶつぶは、道明寺粉をまぶしたものです。苗を植え、天候不順な夏を送り、無事に実りの秋を迎えた喜びは、誰しもが感じるものではないでしょうか。新年にも向く菓子です。

一〇月二一日

菓■仙家《せんか》の香《かおり》―嘯月（京都紫野）
器■色絵秋草文色紙皿　尾形乾山作　江戸時代

菊の香は仙人の庵の香り。不老長寿が約束されます。黄色く染めた麩の焼きで漉し餡を包んで、菊を表しています。きれいな畳み物の菓子です。

一〇月二二日

菓■鳴子《なるこ》　雀《すずめ》―亀屋伊織（京都二条）
器■駿河細工箕　昭和時代

鳴子とは、板に竹筒を紐でぶら下げて、風が吹くとカラカラ鳴る、鳥追いの道具です。最近では、それこそ和菓子や文様の世界だけで見かける意匠ではないでしょうか。雀と鳴子、どちらも瑞穂の国の実りの象徴です。

一〇月二三日

菓■武蔵野《むさしの》―塩芳軒（京都西陣）
器■乾山写武蔵野図皿　永楽即全作　昭和時代

霜降。武蔵野に霜が降ります。蓬を入れた草の香りがする緑の餅に、氷餅をまぶして霜が降りた風情。そこにいくつかの焦げた筋で薄を表しています。

一〇月二四日

菓■松風《まつかぜ》（菊《きく》、武蔵野《むさしの》）―亀末廣（京都烏丸御池）
器■乾漆朱塗長皿　現代

枯野を吹きわたる風。「熊野《ゆや》松風は米の飯」というぐらい、謡曲でも有名な松風。もともとは本願寺の兵糧や、戦国期の保存食。味噌を塗って、胡麻を散らして、天を焦がします。干菓子の松風は亀末廣のお家芸ですが、砂糖の甘さとは違い、味噌の香ばしさ、塩気で逆に甘さを感じさせるもの。同じ松風でも、店によっては、もっとふっくら柔らかく焼いたものもあります。焼き印によって名前が変わります。

一〇月二五日

菓■むさしの｜松華堂（半田）
器■古萩木葉形鉢　江戸時代

色目の違いで稔りと枯野の風情を表します。春はみ吉野、秋は武蔵野。月と花の取り合わせ、月と薄の取り合わせ、どちらも夜の景色を愛でるものです。浮島と呼ばれる和製スポンジカステラ生地で、しっとりとした餡と卵の風味。

一〇月二六日

菓■月見《つきみ》団子《だんご》―塩芳軒（京都西陣）
器■根来塗高坏　桃山時代

まもなく後の名月です。京都で見かける月見団子は、この形。楕円形に練った白い餅を漉し餡でくるみます。白い餅は、もちろん月のイメージでもあるのですが、この時期の芋名月の里芋に見立てた楕円形に仕立てて、周りの漉し餡は雲。つまり雲間から見える月と、里芋の両方に似通わせて、この形になったのではないかと言われています。

一〇月二七日

菓■玉兎《ぎょくと》（たまうさぎ）　豆《まめ》―亀屋伊織（京都二条）
器■唐物若狭盆　村田珠光所持
「武野紹鷗ヨリ我へ伝フ」織田有楽直書　明時代

十三夜。陰暦九月一三日の月は「豆名月」とも。玉兎は月の美名です。

一〇月二八日

菓■栗《くり》きんとん―すや（中津川）
器■三島呼継皿　李朝時代

後の名月は「栗名月」とも。名残りの頃は欠けた器も心に添います。栗と砂糖だけの単純で素朴な栗きんとんです。関東では、餡を茶巾絞りにしたものを「きんとん」と言いますが、上方ではそぼろにしたものが、きんとん。所変われば菓子の名もまた変わるのです。

一〇月二九日

菓■桂乃露《かつらのつゆ》―松林軒豊嶋家（甲府）
器■乾漆朱塗四方皿　鎌田克慈作　現代

桂は月の名所です。離宮から眺める月を思ってこの名になったのでしょう。甲府名産の葡萄を皮ごと求肥でくるんで、砂糖をまぶしてあります。

一〇月三〇日

菓■栗《くり》の子《こ》―喜久屋（京都北野白梅町）
器■古唐津片口鉢　桃山時代

見ための美しさだけが菓子の価値ではありません。漉し餡に栗を混ぜて茶巾絞りにした菓子。非常に爽やかな、あっさりとした甘さの、自家製作りたての風情が横溢しています。上等な栗羊羹のような品の良さや美しさではないのですが、みずみずしさ、栗の香りが素晴らしい。手を加えすぎない、茶巾絞りのままの荒々しい形も、秋の侘びを思わせます。

一〇月三一日

菓■焼栗《やきぐり》｜聚洸（京都鞍馬口）
器■浄法寺塗桃絵盆　江戸時代初期

栗きんとんを栗の形に絞って焦がした、食べて美味しい焼き栗です。香ばしさが栗の味を引き立てます。

和菓子の世界　五

老舗との付き合い方

良い和菓子屋とは

砂糖の流通が限られていた時代、禁裏や神社仏閣などの特権階級だけが、砂糖を使った菓子を進物やもてなしの席で使っていました。京都所司代から砂糖取り扱いの許可を得ていた菓子屋が、上菓子屋仲間（この上菓子は「献上菓子」です）で、現在は菓匠会という名で続いています。上菓子屋を「御菓子司」と言い、京都では日常のおやつを作る「おまんやさん」と区別をします。どちらが優れているというわけではなく、それぞれに用途があるということです。

私の考える良い和菓子屋とは、店で餡を炊き、餅を搗き、蒸す、要はまっとうに作っている店。素材は吟味し、それを誇らないことも大事です。更に贅沢を言えば、この店といえばこの菓子、この菓子ならこの店という名物がある店です。余談ですが、焼き菓子の銘菓で人気商品を当てるとビルが建つと言われます。その一方で、上生菓子を作るのには手間暇、経費がかかります。こうした表裏の関係は菓子に限らない話で、どんな仕事でも生菓子部門と焼き菓子部門があるのではないでしょうか。

もう一つ大切なのは、主人の目の届く範囲で作られていること。職人が何十人いようと、どれだけ多くの客がいようと、一対一の関係を築ける店であってほしい。どの店員が応対しても、主人と話しているのと一緒。そのような店は嬉しいものです。言うなれば、店の〝顔〟のようなものが描けることが、大切だと思っています。

多店舗化はしないでほしいと願っていますが、それはその店と特別な関係を作る意識が希薄になってしまうからです。客だから何を言っても許されるとか、逆に格式の高い店だから居丈高な態度が許されるなどということは、どちらも無用です。良い菓子を手に入れるためには、ある程度の好ましい覚悟、節度が必要なはず。作り手と受け手の両方が歩み寄った前向きな関係を作り上げるには、茶の湯での「亭主七分に客三分」という関係に似た、お互いを慮る余白が不可欠です。「おひとり様」で食べるような場合にも、必ず菓子を器に移して、自分で自分をもてなすつもりで、召し上がってほしい。小さな菓子一つを大切なご馳走として扱うことで、それを食べる自分が大切にされているように思えてくるはずです。やがては、菓子の奥行きを知ろうという思いに変化し、世界も広がるでしょう。それは和菓子に留まらず、日本文化のあらゆるところに辿り着くのです。

五者五様の老舗

ほぼ例外的に、規模を拡大しても老舗の格式と細やかさを両立しているのが、とらやです。戦時下には兵士が携帯する「陸の誉」「海の勲」という羊羹を軍に納入していたぐらい、羊羹は日持ちし、量産できますから、全国に届けられるのでしょう。もちろん、そのための近代化の努力も相当なものであったはずです。しかし、とらやの現在を決定づけたのは、明治の東京遷都で、京都から東京に進出したことだと思います。ある意味、老舗の構えを捨て、歴史だけを武器に、変わり続けることを受け入れたということですから。従業員の方々の接客応対の丁寧さ、紐の掛け方、熨斗の付け方に至るまでのソフト面において、老舗の格調を十二分に保っています。外見が変わっても、らしさを失わない、攻めの姿勢をもつ老舗です。

老舗の定義は難しいですが、私はだいたい三代、百年からと考えています。その間に情報が直接伝達できない「歴史」になるからです。京都には老舗がたくさんありますが、そのなかでも別格として、とらやのほかに、川端道喜、植村義次、亀屋伊織、松屋常盤などを挙げることができます。いずれも禁裏御用の店で、出入りするための官名（受領名）を授かっています。

一番古い川端道喜は、応仁の乱後の荒れた都で、天皇に朝ご飯を献上したという由緒を持つ店です。明治になるまで続いた「朝餉の儀」ですが、そこで献上する「御朝物」とは、塩味の小豆の潰し餡で餅を包んだ、野球ボール大の、おはぎに似た食べ物です。後には砂糖をつけながら食べるぐらい、有職故実や宮中の祭事には欠かせない店です。利休にも「道喜老」へ宛てた手紙が残されています。もともとの御所そばの店から、良い水を求めて下鴨に場所を移し、現在は北山に移転しています。粽と餅菓子を作る店ですが、手間がかかるので、予約して入手するのも大変です。

植村義次は、洲浜で有名です。宮中の儀式に使う衣装まで拝領しているような、天皇家との付き合いも深い家柄ですが、それを誇るでもない、古い二間間口の、京都の老舗らしい佇まいの店です。月毎の押し物も有名ですが、実は当代の主人が始めたものです。老舗の長い歴史を飲み込んだうえで、自分の代の菓子を世に問うた、一つの好例です。歳を重ねてもカジュアルなお洒落を楽しむ主人ですが、忘れられない話があります。体調を崩されたときに、いつか店を閉めるかもしれないと口にされるので、もったいないと言ったら、「長く続いていく家もあれば、新しく生まれてくる家もあって、あるとき静かに役目を終える店があってもよろしおへんか。それが歴史ちゅうものでっせ」と言うのです。老舗というものはとにかく続けなければとこ

1

2

3

思いがちですが、閉じることもあると口にできる強さに、本物の老舗の矜持を感じました。

亀屋伊織は、干菓子を専門に作る店です。伊織の干菓子は、これ以上削ぎ落とせないぐらいの繊細で簡素な意匠で名高いもの。モダンで洗練された、普遍性のある和菓子のデザインとして筆頭のものです。干菓子は、薄茶の席にかける熨斗のようなもので「障りにならない」ことが大切です。伊織に注文するときは、必ず主菓子は何か、器をどうするかを聞かれます。店に入ると、古色蒼然たる菓子簞笥が後ろに置いてあるだけなので、初めて訪れたときは怖かったのを覚えています。会話の成立すること、さらには阿吽の呼吸でやりとりできる客を求めているのでしょう。客と店の関係が双方向的に成立している。老舗はどこもそうですが、伊織の佇まい全てにそれを強く感じます。

松屋常盤の名物は松風です。もとは兵糧、保存食だった松風は、石山合戦のときにも納められたという古い菓子です。こちらは味噌香ばしい、しっとりと柔らかい松風を作りますが、亀屋陸奥の作る松風は、より堅くて古風な感じ。店によって様々な松風が作られています。実は数年前まで「松屋のきんとんを黒文字一本で持ち上げられたら一人前」というぐらい、きんとんが有名でした。載せたら懐紙一帖に水気が滲み込むぐらいみずみずしい、限界の柔らかさに、出来たてのありがたみを教えてくれる菓子でした。現在はきんとんを作っていません。老舗でも時代に応じて変わっていく例の一つかもしれませんし、それでも惜しまれる

4

5

1　とらや　京都一条
2　川端道喜　京都北山
3　植村義次　京都丸太町
4　亀屋伊織　京都二条
5　松屋常盤　京都丸太町

お家芸がある。歌舞伎の團菊爺ではないですが。

いずれも名物の菓子を大事に作りながら時代の要請にも応えてきた老舗です。長い時間リスクを背負って続けてきたこと自体にも、頭を垂れるべき価値があります。和菓子は、作り手、店が失われてしまったら、道具のように博物館に残しておくことはできません。失われる可能性はつねにあるわけで、今、目の前にある店、菓子、その味わいが大切なのです。

新しき老舗へ

若い職人が作った店にも、「新しき老舗」と呼びたくなる良い店があります。老舗が湛える格調高さや古びない魅力を十分に咀嚼したうえで、現代性を加味して、物づくりや店づくりに落とし込んでいる店です。具体的に言うと、たとえば店構えは現代的な建物でもよいのですが、木戸や暖簾などで伝統的、歴史的文脈を踏まえた様式美に則り、包装紙や器には天然の素材を用い、合理的で快適だけど、格調高いものであってほしい。結局、はしばしに和菓子の普遍的な価値が組み込まれているということは、先人の営みを理解し自分のものにしているということで、むやみに個性を出す危うさを十分承知したうえで、それでもなお、譲り難い部分が滲み出ている様を象徴しています。もちろんそれは味にも表れますし、それでいて、どこかで古典をバッサリ切り捨てる勇気もほしい。良い店には、古くなっても清潔感と新鮮さがあります。古びて美しくなる。人間もそうありたいものです。

十二月

霜月《しもつき》

神楽月《かぐらづき》

黄鐘《こうしょう》

仲冬《ちゅうとう》

六呂《りくりょ》

一一月は茶人の正月とも言われる口切《くちきり》、炉開きの季節。昔から炉開きには茶師が必ず、干し柿と栗を茶壺に添えて納めます。冬を迎え柚子の意匠も茶席を彩ります。一一月のはじめは、この祝儀の気分に合わせて、時雨と錦繍を楽しむ頃合いです。目に鮮やかな紅葉青苔の取り合わせに、織部の器などが利きます。由緒と格をとるならば、御玄猪《おげんちょ》の節句の故事に従い、亥の子餅。秋の山の落葉や栗や銀杏などを集めた「吹寄せ」や、山の実りを使った菓子も嬉しいところ。干菓子にも生菓子にも好んで使われる銘が「初霜」。路地の苔を霜から守るために敷き松葉をするので、如心松葉など、枯松葉の意匠も再び登場します。

行事

炉開き　口切　紅葉　時雨　落葉

主菓子

秋の山　亥の子餅　姥か里　雲錦　小倉山　落ち葉　織部饅頭
楓重　柿羊羹　唐錦　菊花餅　菊衣　菊水餅　着せ綿
黄ばみ落　銀杏餅　栗鹿ノ子　栗金団　栗しぼり　くるみ餅
木枯　梢の錦　嵯峨野　佐野の雪　袖か香　龍田川　龍田粽
龍田姫　龍田餅　手向山　蔦の細道　初霜　初雪　みかん餅
村雨　紅葉重　紅葉餅　八瀬の里　柚餅　蓬ヶ島

干菓子

青葉松　いちょう　薄衣　落葉　開扇　枯松葉　寒菊　菊
菊寿糖　君ヶ代　錦台　銀杏　栗煎餅　栗落雁　光琳菊
小男鹿　時雨松　しめじ　如心松葉　長生殿　千代友　千代結
照葉　野菊　初霜　吹寄せ　干し柿　紅葉　山川　柚べし
蓬ヶ島　乱菊

一一月一日

菓■織部《おりべ》薯蕷《じょうよ》—御倉屋（京都紫竹）
器■織部四方平鉢　桃山時代

茶席はいよいよ炉開きの季節。昔から「柚子が色づくころ」と表現されるように、霜が降りて寒くなってきたら囲炉裏をあけます。薯蕷を緑に染めた「織部」は開炉の贅沢。織部焼の器の緑と白を使ったもの、井桁に梅の焼き印を押したものも多く見かけます。こちらは、ほどよい薄さと弾力の薯蕷饅頭です。底の皮が厚い薯蕷饅頭は、あまり喜ばれないものです。上品な薄さで、しっとりとしていることが大事。

一一月二日

菓■山《やま》づと―末富（京都四条烏丸）
器■三島手雲鶴文鉢　青木木米作　江戸時代

山の豊かさを思います。丸ごとの栗と餡を、末富らしいふっくらとした薯蕷皮で包んで、ロールケーキ状にした棹物を小口に切った菓子。「山づと」とは、山からの土産、あるいはいろいろなものを包んで運ぶ籠です。漢字では「山土産」「山苞」と書きます。両方のイメージということでしょうか。

一一月三日

菓■栗《くり》きんとん―嘯月（京都紫野）
器■溜塗独楽形銘々皿　三代西村圭功作　現代

秋のきんとんといえば、私はこれです。しっとりと柔らかで、たっぷり露気を含んで、舌触りがなめらかで、美味しい菓子です。逆に、わざと舌触りをザラッと残して、栗をさっくり嚙む歯触りを楽しむ風合いの作り手もあり、それぞれに魅力的です。

一一月四日

菓■栗鹿《くりか》の子《こ》―御倉屋（京都紫竹）
器■織部木葉形皿　桃山時代

栗の菓子のなかでも鹿の子が最も贅沢と思います。鹿の背中の斑のように、白や黒の小豆をあんこや餅の周りにびっしり貼り付けた鹿の子が一般的ですが、これは漉し餡で大粒の栗をゴロゴロと繋ぎあわせ、寒天でつややかに覆った贅沢な菓子です。懐紙の上に載せて食べるとき、楊枝で切りにくいとか、思うのはよしましょう。

一一月五日

菓■上《あが》り栗《くり》一松華堂（半田）
器■八代焼手鉢　江戸時代

薯蕷の白と、栗蒸羊羹の黒。これも秋の色目です。上り羊羹というのは、献上用の羊羹の意。そのむっちりとした上り羊羹に栗を入れて、薯蕷皮をつけて蒸し上げたものです。

十一月六日

菓■竹裡《ちくり》―亀末廣（京都烏丸御池）
器■志野足付四方向付　桃山時代

しっとりと硬い蒸し羊羹の中に、手強い味の山栗が入れられている、贅沢で野趣のある美味しい蒸し羊羹です。竹の皮ごと蒸してあり、それが風情を増しています。最初から外して盛るのは野暮でしょう。

一一月七日

菓■柿羊羹《かきようかん》｜つちや（大垣）
器■浄法寺塗桃絵皿　江戸時代初期

立冬。柿は冬の訪れを知らせる果実でもあります。大垣と言えば、大柿。柿羊羹は、ジャム状にした干し柿に砂糖と寒天を混ぜ、半割にした竹の中に流し込む、昔ながらの製法で作られています。干し柿の甘さをしっかりと湛えた羊羹です。

二月八日

菓■八重葎《やえむぐら》―末富（京都四条烏丸）
器■シリンダー　三代西村圭功作　現代

「八重葎しげれる宿のさびしきに人こそ見えね秋は来にけり」（恵慶法師）。末富の栗きんとんです。粒をたっぷり残して、中も栗の餡です。歯触りの違う栗の餡を組み合わせたきんとんということなのですが、色目がちょうど黄色なので、八重葎の花の銘がついている。また違った趣になります。

一一月九日

菓■山里《やまざと》―亀末廣（京都烏丸御池）
器■三島鉢　李朝時代

黒糖羊羹の衣で、栗を貼り付けた餡玉を包んだ菓子。虫のよう、といって叱られたことが。

一一月一〇日

菓■亥《い》の子《こ》餅《もち》―川端道喜（京都北山）
器■彩漆万暦文食籠　佐野長寛作　江戸時代

乙亥《きのとい》の日。亥の月（旧暦一〇月）、最初の亥の日には亥猪《げんちょ》の祝いがあり、昨今ではこの時期が炉開きの頃。猪は火除の神様である愛宕神社の神使でもあり、多産であるというのにもあやかって、亥の日亥の刻に炉を開けます。この日に食べる亥の子餅は、店によってきな粉をまぶしたり、黒胡麻を散らしたり、作り方がそれぞれ異なりますが、基本的には餅を小豆で染めています。こちらは川端道喜が茶席の亥の子餅として作ったもの。いろいろな姿を楽しめ、それぞれに大切にされてきたことがうかがえる菓子です。

一一月一一日

菓■吹寄《ふきよ》せ―亀屋伊織（京都二条）
器■籠地一閑張箕形菓子器　一四代飛来一閑作　昭和時代

光悦会の日。鷹ヶ峰を紅葉が彩ります。生砂糖、打ち物、片栗、有平、洲浜……さまざまな素材と製法で、栗、楓、銀杏、松、松ぼっくり、きのこを小さくかたどっています。ふっと風が吹いて集められた野原の風情を菓子に写しとったもので、箕や籠の菓子器に入れると映りがいいのではないでしょうか。紅葉の時期を待って一一月に使います。野点に用いるとつきすぎでしょうか。

一一月一二日

菓■澤鹿《さわしか》―澤鹿文明堂（徳島）
器■鼠志野四方鉢　加藤唐九郎作　昭和時代

「奥山に紅葉踏みわけなく鹿の声きくときぞ秋はかなしき」（猿丸大夫）。阿波特産の和三盆と大和芋を使い、柔らかな甘さでふっくらと蒸しあげ、散らした小豆が、まだらの鹿の背中をイメージさせます。季節を問わない菓子ですが、筋模様の入った表面が水辺のようでもあり、紅葉とともに沢辺に現れる鹿の風情ということで、一一月に使いました。徳島では老舗の銘菓です。

一一月一三日

菓■栗餅《くりもち》｜二条駿河屋（京都二条新町）
器■絵唐津輪花向付　江戸時代

ざんぐりとした白菊。真っ白な花など、本当は稀です。餅皮で菊をかたどり、中に栗と餡が入れられています。秋の侘びを感じさせる風情が誠に好ましい菓子です。下手なのと、わざと下手にすることの違い。菓子の中にも、花にたとえるなら「立花」「投げ入れ」に似た、真行草があるのです。

一一月一四日

菓■木守《きまもり》｜三友堂（高松）
器■狭貫堆朱屈輪文四方盆　玉楮象谷作　江戸時代

木守はとりのこされた柿の実のこと。武者小路千家から高松松平家に献上された、利休ゆかりの長次郎作赤茶碗「木守」（関東大震災で焼失）を由来とし、渦巻の焼き印は、長次郎の茶碗の巴高台を模したものです。麩の焼き煎餅の周りに、和三盆糖で作った蜜をひと刷毛塗り、中に柿餡を挟んだ、美味しい菓子です。

一一月一五日

菓■深山《みやま》の錦《にしき》―末富（京都四条烏丸）

器■色漆捻形高坏　象彦作　明治時代

七五三。金太郎飴、とも思いましたが。晴れやかな一日になりますよう。「千代見草」（九月二一日）と同様に、色づいた山の景色を三色で表しました。千代見草は茶巾絞りでこなし製ですが、こちらはきんとんです。

一二月一六日

菓■山《やま》みち―嘯月（京都紫野）
器■白磁四方台鉢　李朝時代

わずかな色の違いが風趣を添えます。こなしと餡を棒状にしてこの形にギュッと押さえた菓子を「山道」と呼びます。形が山の稜線を表し、茶色と橙と黄色で作るのは、色づいた秋の山。ピンクが入って、緑が濃くなると、当然春の山です。同じ銘で春秋に使う菓子です。

一一月一七日

菓■善哉《ぜんざい》—手製
器■秀衡椀　室町時代

開炉のご馳走。昔は菓子椀という菓子専用の椀が用いられたように、蓋付き椀で銘々に供するのが、丁寧な形式です。温かいできたての餅を食べるという祝儀の形を菓子で完結させるのが、善哉です。懐石では、菓子として供します。もっと正式な形だと、正月に準じて懐石のときに雑煮を出しておいて、あとで亥の子餅やきんとんを供することもあります。

一一月一八日

菓■龍田《たつた》姫《ひめ》 末富（京都四条烏丸）
器■吉田屋九谷額鉢 江戸時代

春秋を飾る二人の姫。紅葉は奈良の龍田山にちなむ龍田姫がもたらします。一一月半ばぐらいまでの栗が済んだら、次は紅葉です。紅葉をかたどった薯蕷の菓子。同じく末富の「桜あわせ」（四月一一日）もありましたが、和菓子というのは限られた土台の制約のなかで、いかに表現するかが魅せどころ。そのために、ミニマルで抽象化されたものが多くなります。ヨーロッパの菓子のような過飾で贅沢なものではありません。

一一月一九日

菓■銀杏餅《ぎんなんもち》―緑菴（京都鹿ヶ谷）
器■織部扇面誰ヶ袖片身替鉢　桃山時代

宗旦忌。裏千家では利休の孫、元伯宗旦を偲ぶ行事が行なわれます。裏千家の庭の手植えの銀杏にちなんだ餅菓子はこの日から。餅皮と餡の間に銀杏が忍ばせてあります。裏千家では、川端道喜が作る銀杏餅が使われます。

一一月二〇日

菓■古《こ》代《だい》山川《やまかわ》｜風流堂（松江）
器■蒔絵浦千鳥文高坏　木屑軒三好也二作　明治時代

「散るは浮き散らぬは沈む紅葉《もみじば》の影は高尾の山川の水」（松平不昧）。不昧公好みの菓子としてつとに名高く、俗にいう三大銘菓のひとつ。紅白の白が水で紅が紅葉を表しています。通常の「山川」と区別するため、不昧公時代の古格の献立に従って作った菓子を、「古代山川」と呼んでいます。より素材を吟味し、肌理の細やかな和三盆糖と寒梅粉を使い、「生〆」のしっとりとしたできたてを賞味します。

一一月二一日

菓■手向山《たむけやま》—紫野源水（京都紫野）
器■色絵乾山写雲錦文木瓜鉢　仁阿弥道八作　江戸時代

「このたびは幣もとりあへず手向山紅葉の錦神のまにまに」（菅家）。練切で作られた紅葉ですが、形をみなまで作らないところが洒落ています。仁阿弥道八の器は、春と秋の両方使える「一器両用」ですが、秋に見ると不思議と桜は目に入りませんし、春に見ると桜しか目に入らないものです。

一一月二二日

菓■御《お》玄《げん》猪《ちょ》餅《もち》—川端道喜（京都北山）
器■朱塗供物台　伝宇佐八幡宮旧蔵　江戸時代

小雪。今年（二〇一二年）は正式な初亥の日と重なります。御玄猪の節句というのは、天皇自らが「つくつく」という小さな臼で、歌を唱えながら餅を搗く儀式をされた日です。正式な御玄猪包みをほどいて広げた状態で、有職に基づき、小豆と炭がらで餅を染めてあります。宮中での席次や位によって配られる日が変わり、初亥の日、二の亥の日と、季節のうつろいに合わせて、銀杏や紅葉、菊が添えられました。

一一月二三日

菓■亥《い》の子《こ》餅《もち》―鍵甚良房（京都祇園四条）
器■赤織部輪花鷹羽文四方皿　江戸時代

小豆で赤く染めた餅で亥の子をかたどって、中には黒胡麻が散らしてあります。亥の子餅の世間的イメージの形です。ふつうは中に餡だけですが、こちらでは一緒に銀杏と栗、生の柿のかけらが包み込まれています。新茶を詰めた茶壺とともに干し柿と栗を持参するのが、古来の茶師のならいです。

一一月二四日

菓■龍田《たつた》川《がわ》—二条駿河屋（京都二条新町）
器■色絵光琳文様雲錦文中皿　永楽得全作　明治時代

「ちはやぶる神代もきかず龍田川からくれなゐに水くくるとは」（在原業平朝臣）。この形、夏には色目を変えて「青楓」（六月三日）としていました。紅葉した秋には、こなしで作られます。琳派調の楓の意匠は、店を限らず好んで使用されるものです。

一一月二五日

菓■秋《あき》の山《やま》─嘯月（京都紫野）
器■古清水透七宝文壺形段重　江戸時代

山の景色は久しからぬもの。同じ秋の山でも、色目や素材で表現を変えていきます。私の好みは、栗の餡の周りに黒糖のきんとんをつけて、上に紅葉の色を載せたもの。

一一月二六日

菓■錦繡《きんしゅう》—嘯月（京都紫野）
器■古清水透七宝文壺形段重　江戸時代

冬枯の前、山はひとときのにぎわいを見せます。だんだんと紅葉も色深く。

一一月二七日

菓■落葉《おちば》の霜《しも》 一 嘯月（京都紫野）
器■古清水透七宝文壺形段重　江戸時代

うっすらと霜化粧した紅葉。冬はすぐそこです。最後は氷餅の霜が降ります。

十一月二十八日

菓■錦台《きんたい》　枯松葉《かれまつば》―亀屋伊織（京都二条）

器■貼紅葉輪花雲錦文菓子盆　十二代飛来一閑作　明治時代

敷松葉に落葉、晩秋の美しい景色です。同じく琳派調の紅葉が焼き印で押されていますが、半分ちぎれているように、みなまで表現されていないのが美点です。器は、周囲が桜の花びらで、なかに紅葉。これも一器両用。

一一月二九日

菓■梅花《ばいか》むらさめ―小山梅花堂（岸和田）
器■初期伊万里白磁陰刻草花文皿　江戸時代初期

餡と米粉を練って蒸し上げる棹物菓子「村雨」で、素材としても村雨と呼ばれます。小豆色でそぼろ状の、しっとりとした口当たり。村雨とはにわか雨のことで、本来は季節を問いませんが、菓子で村雨というと晩秋から初冬の味わいです。岸和田藩岡部家御用達の菓子屋です。

一一月三〇日

菓■京《きょう》の土《つち》―亀末廣（京都烏丸御池）
器■鎌倉彫菓子盆　三橋了和作　大正時代

京都にも霜が降りて、紅葉が散らされている頃。大きな板状の麩の焼きの煎餅で、周りに砂糖が塗ってあり、手でさまざまに割って盛りつけます。

一二月

師走《しわす》

乙子月《おとごづき》

極月《ごくげつ》

臘月《ろうげつ》

大呂《たいりょ》

霜が終われば雪。大晦日に至るまで、年越し、年忘れといった忙中閑に侘び好みの趣向に恵まれた月です。年越し蕎麦に通わせて蕎麦薯蕷や、忠臣蔵の討ち入りにちなんだ菓子も良いでしょう。年越し、歳暮の釜というのは、蒸したての温かい菓子が何よりご馳走となります。夜の長きを楽しむ「夜咄の茶事」が催される時期です。火鉢の暖かさが恋しく、逆に身を切る雪の寒さに襟元をかきあわせる候。寒暖を想起させるような菓子共々の銘も喜ばれます。冬場の景物といえば、千鳥も。新年を控えていますから、「冬籠」など、あえて地味に抑えておいて、翌月の華やかさに備える。コントラストが大事です。

行事

事始め　冬至　歳暮　夜咄　年忘　餅搗　大晦日　除夜釜

主菓子

庵の友　磯千鳥　大石餅　小原木　織部饅頭　霞饅頭　寒菊
寒紅梅　ぎおんぼう　木々の雪　木枯　霜降　猩々餅
そば饅頭　そば羊羹　玉椿　月寒　友千鳥　納豆餅　袴腰餅
初雪　浜千鳥　火打焼　氷面鏡　吹寄せ　冬籠　冬牡丹
ほうかちん　松の雪　霙　霙饅頭　蒸饅頭　室の梅　雪の下
雪餅　雪柳　蠟梅

干菓子

いちょう　薄氷　落ち葉　唐松　枯松葉　寒菊　銀杏　越の雪
笹飴　雪花　雪花糖　千鳥　千鳥煎餅　ねじきり　干柿　松葉
三笠の雪　宿り木　雪だるま　雪輪　雪輪煎餅

一二月一日

菓■初霜《はつしも》　不二屋（下諏訪）
器■唐物彫漆屈輪文丸盆　明時代末期

厳寒期に作られる諏訪名物の保存食・氷餅を、砂糖でくるんで作った菓子です。餅を一度凍らせてから戻して乾燥させると、霜柱のようにしゃりしゃり、さっくりとした歯触りに。その歯ごたえは、霜柱をふむ楽しさを思い出させてくれます。この中身を砕いて粉末にしたものが、菓子の素材として使われる、一般的な氷餅です。

一二月二日

菓■宿《やど》り木《ぎ》　照葉《てりは》―亀屋伊織(京都二条)
器■溜塗四方盆　一四代飛来一閑作　昭和時代

有平糖の照葉。それから、ただの真っ白い四角で、宿り木の小さな枝を表現した菓子。具体的な枝の形より、余計に凍てついた木々の姿を思わせます。紅葉も名残り。京都ではこの時期がもっとも美しいのですが。

十二月三日

菓■薄氷《うすごおり》―五郎丸屋（小矢部）

器■唐物黒漆輪花盆　元時代

不揃いに不等辺に切れている感じが、割れた薄い氷そのもの。薄い煎餅地の周りを和三盆糖で厚めに包んであり、口の中でパリパリと割れていく感じが、薄氷を踏み割って歩く心地にも似て愉快です。初冬の名物。

一二月四日

菓■うすらひ｜亀広良（名古屋）
器■唐物籠地丸盆　清時代初期

「うすらひ」とは薄く張った氷のことで、本来は春の季語です。こちらは、白い薯蕷餡の間に、コクのある大島餡を挟み、割れた薄氷のように幾何学的に切り分けたもの。その直線的で鋭利な切れ目が、冬の寒々しい空気の冴えを思わせます。霜の降りる一二月から二月までの菓子です。「茶三昧」（四月二〇日）と並んで、名古屋の亀末廣の銘菓でした。それを引き継いで、別家の亀広良が作っています。

一二月五日

菓■木守柿《きまもりがき》｜三友堂（高松）

器■青漆爪紅山道小盆　能作作　現代

木守の柿にも霜がおります。三友堂は木守（一一月一四日）が一番有名ですが、こちらは柿餡の周りを餅でくるんであります。讃岐の高松松平家に仕えた三人の武士が、明治時代に讃岐特産の和三盆を使ってはじめた菓子屋。武士の商法が生き残った希有な例です。

一二月六日

菓■下紅葉《したもみじ》｜亀屋伊織（京都二条）
器■黒漆輪花盆　八代中村宗哲作　玄々斎好　江戸時代

「見えない」ことも大事です。うっすら紅色に、紅葉の形に染まっているのがおわかりになるでしょうか。下の生地に紅く色をつけて、ひっくり返してもう一枚と合わせるので、透けて見えます。薄氷のなかに閉じ込められたような紅葉です。

二月七日

菓■越乃雪《こしのゆき》 大和屋（長岡）
器■銀爐粉雪花菓子器　橋口宗榮作　昭和時代

不用意に持ったら崩れてしまう、盛りつけるのにも気を遣うぐらい柔らかい。寒晒し粉に和三盆糖を加え、ごく柔らかく押してあります。口の中に入れるとはらはらとほどけるのが、まさに越後の雪の深さと淡さ。三大銘菓のひとつ。

三月八日

菓■雪輪《ゆきわ》　嘯月（京都紫野）
器■雪華墨はじき雪文皿　一四代今泉今右衛門作　現代

雪輪の意匠は、雪の積もった笹や竹などの「雪持ち文」が変化したとも。江戸時代には、オランダの博物図譜をきっかけに、雪の結晶を模した雪華文様も、あっという間に日本中を席巻しました。真っ白ではなくて、白いぼかしになっているところが、お洒落ではないでしょうか。こなし製です。

十二月九日

菓■軽羹《かるかん》―明石屋（鹿児島）
器■古染付算木文四方鉢　明時代末期

軽い羹《あつもの》。羹とは、中国では温かい汁物を指します。山芋を使った、弾力のある蒸し物は全国にありますが、鹿児島の名物を軽羹と言います。とくに、薩摩藩島津家の御用達、明石屋が有名です。年中食べられる菓子ですが、白さとむっちりとした食感が冬にふさわしいように思います。

一二月一〇日

菓■しも柱《ばしら》　澤鹿文明堂（徳島）
器■黒漆爪紅輪花盆　一二代中村宗哲作　現代

名が食感をあらわしています。寒天と砂糖を練った半生菓子の、いわゆる琥珀糖。非常に肌理の細かい和三盆糖がまぶしてあり、拍子木に切ってあります。夏に使っても、洒落ています。

十二月十一日

菓■山茶花《さざんか》―緑菴（京都鹿ヶ谷）
器■銹絵椿詩画重色紙皿　尾形乾山作　江戸時代

山茶花は椿の一種。冬を飾る色です。求肥餅製で、中は漉し餡です。

一二月一二日

菓■雪輪《ゆきわ》　光琳松《こうりんまつ》―亀屋伊織（京都二条）
器■唐物朱塗四方盆　関戸家伝来　明時代

松の翠も雪の白さがあればこそ。松の意匠もいろいろ。松葉もあれば、この光琳松も。同じ素材でも、たった一本の線で表現が変わります。

十二月十三日

菓■好事《こうず》福盧《ぶくろ》─村上開新堂（京都寺町二条）
器■輸出九谷赤絵雀文中皿　明治時代初期

事始め。正月迎えの準備を始めます。暮の挨拶の日でもあり、好事をつめたふくろ（福盧）は京の歳暮の代名詞です。夏はオレンジ、冬は蜜柑。

一二月一四日

菓■五百石《ごひゃっこく》ゆべし｜泰皇村
器■銹絵椿詩画扇形皿　尾形乾山作　江戸時代

素朴さはつよさでもあります。店舗はなく、村の生産組合が作る柚餅子。冬場は、夜ごめ、夜咄、夜づめという、蠟燭や短檠《たんけい》の灯りの元に茶を楽しむ時期。そうした席で贅沢ないわゆるハレの菓子ではなく、この柚餅子のようなケの雰囲気のものを使うと、より侘びの風情が深まります。乾山の器は椿の絵と、「藁屋に名馬をつなぎたるは良し」の心持ちで。

一二月一五日

菓■松風《まつかぜ》―松屋常盤（京都丸太町）
器■伊万里白磁菊皿　江戸時代

枝葉よりも幹に松はあると思います。とくに冬は。松風は、昭和天皇もお好みになったという菓子です。しっとりとした柔らかさと味噌の風情、焼き加減、この家ならではの秘伝があります。亀屋陸奥（京都）のように、保存食の一つでもあったという、戦国の遺風をのこす古風な松風を作る菓子屋もあります。

一二月一六日

菓■大島《おおしま》―塩芳軒（京都西陣）
器■白磁碗　黒田泰蔵作　現代

黒糖の餡に霜が降ります。奄美大島が黒砂糖の産地であることから、黒糖風味の餡のことを「大島」といいます。上に散らす氷餅の分量を、雪深い季節になると多めに、春が近づいてくると少なくしていきます。初霜、置く霜など、銘を変えて使う喜びも。冬のご馳走。

三月一七日

菓■真味糖生《しんみとうなま》　真味糖大島《しんみとうおおしま》―開運堂（松本）
器■沢栗独楽文丸器　三代村瀬治兵衛作　現代

信州の山家の贅沢。信州名物の胡桃と蜂蜜を練った、和風タフィーとでも言うべき菓子ですが、タフィーほどねっとりはしていなくて、和菓子らしく口に入れるとほどけます。大島は黒糖風味。裏千家淡々斎の命名。

三月一八日

菓■阿《あ》わ雪《ゆき》—松琴堂（下関）
器■色絵乾山写雪笹文鉢　永楽即全作　昭和時代

まさに淡雪の白。降り積もった雪を刀で切り取ったかのような菓子です。卵白を使った柔らかな口当たり、ふわふわでしっとりした感じが面白い、伊藤博文が命名した松琴堂の名物です。

一二月一九日

菓■雲門《うんもん》 一手製

器■孤篷庵形溜塗片木縁高　大徳寺孤篷庵伝来　江戸時代

利休の孫宗旦の命日。この菓子は宗旦の好みによると伝わります。道明寺製の餅を、白小豆を半潰しにした餡で包んで、手でこねて丸めただけです。雲門は禅の問答の中に故事があり、就中、大徳寺を作った大灯国師《だいとうこくし》、宗峰妙超《しゅうほうみょうちょう》の墓所、庵の名を雲門庵と言います。最も大切な聖所が雲門の名を持つのです。そのゆかりから大徳寺の縁高に入れました。

一二月二〇日

菓■雪《ゆき》まろげ｜塩芳軒（京都西陣）
器■染付祥瑞写猪口　初代須田菁華作　明治時代

ゆきやこんこ、あられやこんこ。こぼれるほどの雪景色。中にはなにも入っていない和三盆の塊ですが、丸く抜いて「雪まろげ」と銘がつけば、冬のご馳走に。

一二月二一日

菓■つまみ　松葉《まつば》｜亀屋伊織（京都二条）
器■一閑張片木四方盆　初代鈴木表朔作　明治時代

柚子をかたどった愛らしい干菓子。つまんでねじっている意匠が「祥瑞」のねじり文様を写し取ったようで、さらにそこから祥瑞の名品「蜜柑香合」に思いを到らせるのが、茶の湯です。茶色く枯れてしまった松葉もあれば、青いまま落ちる松葉もあります。雪の上に降り落ちた松葉のコントラストが美しい。

一二月二二日

菓■関《せき》の戸《と》―深川屋陸奥大掾（亀山）
器■栗なぐり盆　江戸時代

謡曲の舞台にもなっている、鈴鹿山越えの町の関宿の銘菓です。練った漉し餡と餅生地の周りを和三盆で覆っていますが、雪のような白さが、冬の鈴鹿越えの厳しさを思わせせます。江戸時代から続く古い菓子、これだけを作り続ける店です。

十二月二十三日

菓■赤飯《せきはん》　三盆糖《さんぼんとう》—手製
器■浄法寺塗椿皿　昭和時代

天皇誕生日。「菓子」の来し方を思いました。小豆と餅米は、日本人の考えるご馳走の典型で、温めて出すので、冬場がよいでしょう。菓子の祖型であり、ハレの日を寿ぐ思いを表す、一番の食べ物。砂糖を敷き詰めて、古い茶会記に出てくるものを再現しました。赤には魔を払う意味があり、昔は赤米を炊いていました。

一二月二四日

菓■聖夜《せいや》　末富（京都四条烏丸）
器■阿蘭陀色絵呉須赤絵写平鉢　一八世紀

老いも若きも、和も洋も、今夜ばかりはメリークリスマス！きんとんに、こなし製のオーナメントを飾っています。器はオランダのデルフトで、中国の呉須赤絵を写したもの。東西の出会いにも乾杯。

一二月二五日

菓■雪花《せっか》糖《とう》｜行松旭松堂（小松）
器■黒漆四方盆　赤木明登作　現代

さらりとした口溶けで、名も美しい。中に塩味の胡桃が丸ごとひと粒入れられて、周りを砂糖と寒梅粉の衣で包む――要は雪で胡桃をくるんだような、丸い干菓子です。

一二月二六日

菓■虎屋饅頭《とらやまんじゅう》―とらや（京都一条）
器■シリンダー　三代西村圭功作　現代

除夜の日には除夜釜が、そうでなくても年越しの歳暮釜が行われる時期ですが、この時期には蒸したての酒饅頭をお出しするのが、何よりのご馳走です。虎屋饅頭とは実は酒饅頭のことで、とらやにとって大事な菓子です。

一二月二七日

菓■ゆきごろも―松琴堂(下関)
器■沢栗銀沙盆　三代村瀬治兵衛作　現代

麩の焼きでくるんで砂糖がけした「阿わ雪」(一二月一八日)。こうすると、ちょっとした薄茶の席にも嬉しい半生菓子になります。塩気と香ばしさ、そして阿わ雪の柔らかさがあいまって、独特の味わいです。

一二月二八日

菓■御前白柿《ごぜんしらがき》―つちや（大垣）
器■皇大神宮御衣納柳箱写　信成作　大正時代

霜が降り、寒くなった年の瀬に仕上げられる、名産の堂上蜂屋柿（美濃柿）を使った干し柿の最上のもの。明治天皇に献上してこの名になったと聞きます。干し柿の甘さを越えてはならぬ、と言われるように、和菓子の祖型とも言える干し柿。白く凍ったかのように粉をふいた姿は神々しくすらあります。

一二月二九日

菓■軟楽甘《なんらくかん》—諸江屋（金沢）
器■羽田盆　室町時代

落雁の起源をたどればシルクロードからギリシャへ到るといいます。中国から伝来した菓子「軟落甘」が、落雁の語源とも。煎餅のようかと思えばそうでもなく、砂糖のさっくりとした口溶けで、それでいてほろほろと崩れる。大陸では牛乳が使われていたといいますから、古代の「酥」「酪」のような食べ物も思い起こさせます。雪輪の形にくりぬいて使えば面白いのではないでしょうか。金沢の老舗落雁舗の古くて新しい味です。

一二月三〇日

菓■木枯《こがらし》｜緑菴（京都鹿ヶ谷）
器■古備前足付台鉢　桃山時代

蕎麦薯蕷を巻いたもの。木枯らしの響きが身にしみる年の瀬、つごもり。蕎麦の実を混ぜて作った黒い薯蕷皮で漉し餡を巻いた菓子です。虎落笛《もがりぶえ》とも呼ばれる木枯らしがひゅうっと舞う風情。さらに年越しは蕎麦に限らず長いものを食べることがよいとされますが、この菓子も長い棹物を切って作ります。蕎麦を使った菓子は、一四日の義士祭にも好んで用います。

一二月三一日

菓■幸袋《さちぶくろ》—とらや（京都一条）
器■五彩老子出関図輪花鉢　大明万暦年製銘　明時代

食べることのみが菓子の大事ではないように思います。「花」でなければ。一人では食べきれないような大きな木型で作られた極彩色の落雁、湿粉の押し物で、蜜で練った餡が入れられています。引き出物など、祝儀の席を彩った砂糖菓子。大きさ、色形のすべてが、豊かさ、華やかさの象徴です。和菓子というものに込められた人々の願いとは、このようなものではないでしょうか。

三重県桑名市南魚町88
電話0594-22-1320

麩嘉　ふうか
4月14日
京都府京都市上京区西洞院椹木町上ル
電話075-231-1584

風流堂　ふうりゅうどう
11月20日
島根県松江市白潟本町15
電話0852-21-3359

深川屋陸奥大掾　ふかわやむつだいじょう
12月22日
三重県亀山市関町中町387
電話0595-96-0008

藤丸　ふじまる
3月25日　6月4日　6月13日
福岡県太宰府市宰府3-4-33
電話092-924-6336

不二屋　ふじや
12月1日
長野県諏訪郡下諏訪町友之町5515
電話0266-27-8505

紅屋　べにや
2月27日
福井県敦賀市相生町6-11
電話0770-22-0361

本家玉壽軒　ほんけたまじゅけん
2月21日
京都府京都市上京区今出川通大宮東入ル
電話075-441-0319

ま行

松前屋　まつまえや
1月8日　1月23日
京都府京都市中京区釜座通丸太町下ル
電話075-231-4233

松屋　まつや
1月31日
＊閉店。「元祖鶏卵素麵　松屋」と創業家「松屋利右衛門」がそれぞれ受け継ぐ

松屋藤兵衛　まつやとうべえ
7月6日
京都府京都市北区紫野雲林院町28
電話075-492-2850

松屋常盤　まつやときわ
12月15日
京都府京都市中京区堺町通丸太町下ル
電話075-231-2884

丸市菓子舗　まるいちかしほ
3月26日
大阪府堺市堺区市之町東1-2-26
電話072-233-0101

萬々堂通則　まんまんどうみちのり
3月12日
奈良県奈良市橋本町34(もちいどのセンター街)
電話0742-22-2044

御倉屋　みくらや
4月19日　8月3日　8月9日　8月25日
11月1日　11月4日
京都府京都市北区紫竹北大門町78
電話075-492-5948

岬屋　みさきや
2月18日　3月28日　5月3日　5月8日
5月28日
東京都渋谷区富ヶ谷2-17-7
電話03-3467-8468

美鈴　みすず
2月5日
神奈川県鎌倉市小町3-3-13
電話0467-25-0364

光國本店　みつくにほんてん
6月16日
山口県萩市熊谷町41
電話0838-22-0239

美濃忠　みのちゅう
5月13日　5月19日
愛知県名古屋市中区丸ノ内1-5-31
電話052-231-3904

六雁　むつかり
8月27日
東京都中央区銀座 5-5-19
銀座ポニーグループビル6F／7F
電話03-5568-6266

村上開新堂　むらかみかいしんどう
8月19日　12月13日
京都府京都市中京区寺町通二条上ル常盤木町62
電話075-231-1058

紫野源水　むらさきのげんすい
4月23日　11月21日
京都府京都市北区小山西大野町78-1
電話075-451-8857

紫野和久傳　むらさきのわくでん
8月14日
(大徳寺店)京都府京都市北区紫野雲林院町28
電話075-495-6161

むらさきや
6月7日　6月10日
愛知県名古屋市中区錦2-16-13
電話052-201-3645

村田文福老舗　むらたぶんぷくしにせ
10月12日
愛媛県大洲市田口甲2624-6
電話0893-23-4179

森八　もりはち
1月4日　1月21日　8月31日
石川県金沢市大手町10-15
電話076-262-6251

諸江屋　もろえや
1月9日　1月14日　12月29日
石川県金沢市野町1-3-59
電話076-245-2854

や行

泰阜村　やすおかむら
12月14日
電話(泰阜村柚餅子生産組合)0260-25-2008

大和屋　やまとや
12月7日
新潟県長岡市柳原町3-3
電話0258-35-3533

山もと　やまもと
4月10日
京都府京都市東山区東大路渋谷通上ル常盤町459-1
電話075-561-2250

游美　ゆうび
2月7日
京都府京都市東山区新宮川通松原下ル西御門町444
電話075-541-0879

行松旭松堂　ゆきまつきょくしょうどう
2月1日　12月25日
石川県小松市京町39-2
電話0761-22-3000

吉はし　よしはし
1月24日　1月28日　8月7日　8月18日
8月23日　9月20日　10月5日　10月11日
10月14日
石川県金沢市東山2-2-2
電話076-252-2634

芳光　よしみつ
3月8日　3月19日　4月4日
愛知県名古屋市東区新出来1-9-1
電話052-931-4432

ら行

両口屋是清　りょうぐちやこれきよ
4月25日
(本社・本町店)愛知県名古屋市中区丸の内3-14-23
電話(本町店)052-961-6811

緑菴　りょくあん
3月10日　4月18日　7月10日　7月13日
8月16日　8月26日　11月19日　12月11日
12月30日
京都府京都市左京区浄土寺下南田町126-6
電話075-751-7126

1月6日　1月7日　1月10日　1月26日
3月6日　5月31日　6月3日　6月11日
6月12日　8月8日　10月21日　11月3日
11月16日　11月25日　11月26日
11月27日　12月8日
京都府京都市北区紫野上柳町6
電話075-491-2464

松月堂　しょうげつどう
4月28日
奈良県宇陀市大宇陀上1988
電話0745-83-0114

松月堂喜三兵衛　しょうげつどうきそうべえ
1月29日
新潟県小千谷市平成1-3-11
電話0258-82-2618

松林軒豊嶋家　しょうりんけんとよしまや
10月19日　10月29日
山梨県甲府市中央1-14-3
電話055-233-3555

神馬堂　じんばどう
5月15日
京都府京都市北区上賀茂御薗口町4
電話075-781-1377

末富　すえとみ
1月5日　1月18日　1月22日　2月12日
2月25日　3月4日　3月5日　4月3日
4月11日　4月15日　5月11日　5月30日
6月27日　7月8日　7月12日　7月17日
7月24日　8月2日　8月11日　9月1日
9月3日　9月17日　9月28日　10月18日
11月2日　11月8日　11月15日　11月18日
12月24日
京都府京都市下京区松原通室町東入ル
電話075-351-0808

すや
10月28日
岐阜県中津川市新町2-40
電話0573- 65-2078

た行

大極殿本舗　だいごくでんほんぽ
7月15日
京都府京都市中京区高倉通四条上ル帯屋町590
電話075-221-3323

大黒屋　だいこくや
3月30日
福井県鯖江市本町2-1-13
電話0778-51-0451

大黒屋　だいこくや
5月18日
新潟県三島郡出雲崎町尼瀬293
電話 0258-78-2101

大黒屋鎌餅本舗　だいこくやかまもちほんぽ
6月5日
京都府京都市上京区寺町通今出川上ル4丁目西入ル阿弥陀寺前町25
電話075-231-1495

太市　たいち
5月24日　5月29日　6月26日
東京都目黒区洗足1-24-22
電話03-3712-8940

玉井屋本舗　たまいやほんぽ
10月15日
岐阜県岐阜市湊町42
電話058-262-0276

玉嶋屋　たましまや
3月16日
福島県二本松市本町1-88
電話0243-23-2121

千歳屋　ちとせや
9月13日
京都府京都市左京区聖護院山王町43-10
電話075-771-3722

長命寺桜もち山本　ちょうめいじさくらもちやまもと
4月2日
東京都墨田区向島5-1-14
電話03-3622-3266

月世界本舗　つきせかいほんぽ
9月29日
富山県富山市上本町8-6
電話076-421-2398

蔦屋　つたや
9月27日
長崎県平戸市木引田町431
電話0950-23-8000

つちや
11月7日　12月28日
岐阜県大垣市俵町39
電話0584-78-2111

鶴屋寿　つるやことぶき
4月16日
京都府京都市右京区嵯峨天龍寺車道町30
電話075-862-0860

鶴屋徳満　つるやとくまん
3月13日
奈良県奈良市下御門町29
電話0742-23-2454

鶴屋吉信　つるやよしのぶ
6月23日
京都府京都市上京区今出川通堀川西入ル
電話075-441-0105

出町ふたば　でまちふたば
9月14日
京都府京都市上京区出町通今出川上ル青龍町236
電話075-231-1658

藤太郎　とうたろう
1月30日
静岡県富士宮市大宮町8-3
電話0544-26-4118

とし田　としだ
1月17日
東京都墨田区両国4-32-19
電話03-3631-5928

とらや
1月16日　3月2日　4月5日　4月9日
6月1日　6月6日　9月21日　12月26日
12月31日
(赤坂本店)東京都港区赤坂4-9-22
(京都一条店)京都府京都市上京区烏丸通一条角
電話(赤坂本店)03-3408-4121
　　(京都一条店) 075-441-3111

な行

中浦屋　なかうらや
2月20日
石川県輪島市河井町4部97
電話0768-22-0131

長門屋　ながとや
3月9日
福島県会津若松市川原町2-10
電話0242-27-1358

中村軒　なかむらけん
5月21日
京都府京都市西京区桂浅原町61
電話075-381-2650

奈良屋　ならや
4月27日
岐阜県岐阜市今小町18
電話058-262-0067

西岡菓子舗　にしおかかしほ
1月19日
愛媛県松山市道後一万9-56
電話089-925-5642

二条駿河屋　にじょうするがや
5月20日　6月22日　8月5日　8月10日
10月3日　11月13日　11月24日
京都府京都市中京区二条通新町東入ル大恩寺町241-1
電話075-231-4633

二條若狭屋　にじょうわかさや
1月15日
京都府京都市中京区二条通小川東入ル西大黒町333-2
電話075-231-0616

は行

花乃舎　はなのや
2月4日　5月22日　5月27日　6月19日
7月3日　8月24日

かん袋　かんぶくろ
10月13日
大阪府堺市堺区新在家町東1-2-1
電話072-233-1218

甘楽花子　かんらくはなご
6月14日　7月29日
京都府京都市中京区烏丸丸太町下ル大倉町206
オクムラビル1F
電話075-222-0080

菊寿堂義信　きくじゅどうよしのぶ
2月19日　7月25日　7月27日
大阪府大阪市中央区高麗橋2-3-1
電話06-6231-3814

菊家　きくや
3月29日　4月7日
東京都港区南青山5-13-2
電話03-3400-3856

喜久屋　きくや
10月30日
京都府京都市北区平野宮西町62
電話075-462-6332

木下正月堂　きのしたしょうげつどう
7月23日
愛媛県宇和島市中央町1-6-6
電話0895-22-1352

京華堂利保　きょうかどうとしやす
2月8日　6月8日　6月30日
京都府京都市左京区二条通川端東入ル難波町226
電話075-771-3406

京都鶴屋鶴壽庵　きょうとつるやかくじゅあん
3月7日
京都府京都市中京区壬生梛ノ宮町24
電話075-841-0751

きよめ餅総本家　きよめもちそうほんけ
5月9日
愛知県名古屋市熱田区神宮3-7-21
電話052-681-6161

源水　げんすい
9月5日　10月7日
京都府京都市中京区油小路通二条下ル二条油小路町275
電話075-211-0379

源太　げんた
6月25日　10月20日
東京都新宿区百人町2-14-3
電話03-3368-0826

河内屋　こうちや
9月16日
富山県南砺市本町1-34
電話0763-82-0402

紅梅屋　こうばいや
4月8日
三重県伊賀市上野東町2936
電話0120-19-0028

紅蓮屋心月庵　こうれんやしんげつあん
3月14日
宮城県宮城郡松島町松島字町内82
電話022-354-2605

九重本舗玉澤　ここのえほんぽたまざわ
2月2日
（三越店）宮城県仙台市青葉区一番町4-8-15三越仙台店地下1階
電話（三越店）022-224-0155
（本社）022-246-3211

小島屋　こじまや
6月21日
大阪府堺市堺区宿院町東1-1-23
電話072-232-0313

小山梅花堂　こやまばいかどう
11月29日
大阪府岸和田市本町1-16
電話072-422-0017

五郎丸屋　ごろうまるや
12月3日
富山県小矢部市中央町5-5
電話0766-67-0039

さ行

彩雲堂　さいうんどう
3月23日
島根県松江市天神町124
電話0852-21-2727

阪本商店　さかもとしょうてん
8月17日
宮崎県宮崎市佐土原町上田島38-1
電話0985-74-0795

さゝま　ささま
5月1日　6月9日
東京都千代田区神田神保町1-23
電話03-3294-0978

笹屋友宗　ささやともむね
9月23日
岡山県岡山市北区表町1-11-1
電話086-222-4840

佐藤屋　さとうや
2月26日
山形県山形市十日町3-10-36
電話023-622-3108

澤鹿文明堂　さわしかぶんめいどう
11月12日　12月10日
徳島県徳島市富田橋4-55-5
電話088-652-7251

三英堂　さんえいどう
1月27日　3月24日
島根県松江市寺町47
電話0852-31-0122

三友堂　さんゆうどう
11月14日　12月5日
香川県高松市片原町1-22
電話087-851-2258

塩瀬総本家　しおせそうほんけ
5月7日
東京都中央区明石町7-14
電話03-3541-0776

塩野　しおの
4月13日　9月2日　9月4日
東京都港区赤坂2-13-2
電話03-3582-1881

塩芳軒　しおよしけん
5月17日　10月17日　10月23日　10月26日
12月16日　12月20日
京都府京都市上京区黒門通中立売上ル
電話075-441-0803

志乃原　しのはら
7月28日　9月24日
富山県高岡市城東1-9-28
電話0766-22-1020

柴舟小出　しばふねこいで
1月25日
（本社・横川店）石川県金沢市横川7-2-4
電話076-241-3548

謝花きっぱん店　じゃはなきっぱんてん
8月21日　8月22日
沖縄県那覇市松尾1-5-14
電話098-867-3687

聚洸　じゅこう
2月24日　6月18日　6月24日　9月9日
9月19日　9月26日　10月9日　10月31日
京都府京都市上京区大宮寺之内上ル3
電話075-431-2800

松翁軒　しょうおうけん
4月1日
長崎県長崎市魚の町3-19
電話095-822-0410

松華堂　しょうかどう
1月13日　3月17日　3月22日　7月4日
8月4日　9月7日　9月11日　9月25日
10月4日　10月25日　11月5日
愛知県半田市御幸町103
電話0569-21-0046

松琴堂　しょうきんどう
2月6日　12月18日　12月27日
山口県下関市南部町2-5
電話083-222-2834

嘯月　しょうげつ

店舗索引

あ行

愛信堂　あいしんどう
2月14日　7月22日　9月6日　9月30日
10月16日
京都府京都市上京区元誓願寺通堀川西入ル南門前町426
電話075-411-8214

明石屋　あかしや
12月9日
鹿児島県鹿児島市金生町4-16
電話099-226-0431

朝霧堂　あさぎりどう
2月22日
兵庫県明石市本町1-7-3
電話078-911-2093

伊勢屋本店　いせやほんてん
3月11日
(西二階町店)兵庫県姫路市西二階町84
電話(西二階町店)079-288-5155

一文字屋和助　いちもんじやわすけ
5月12日
京都府京都市北区紫野今宮町69
電話075-492-6852

一力堂　いちりきどう
3月31日
島根県松江市末次本町53
電話0852-28-5300

一幸庵　いっこうあん
5月16日　5月25日
東京都文京区小石川5-3-15
電話03-5684-6591

岩永梅寿軒　いわながばいじゅけん
2月28日
長崎県長崎市諏訪町7-1
電話095-822-0977

植村義次　うえむらよしつぐ
2月16日　3月20日
京都府京都市中京区烏丸通丸太町西常真横町193
電話075-231-5028

榮太楼　えいたろう
9月15日
(幸町店)秋田県秋田市高陽幸町9-11
電話018-863-6133

榮太樓總本鋪　えいたろうそうほんぽ
7月30日
東京都中央区日本橋1-2-5
電話03-3271-7785

越後屋若狭　えちごやわかさ
2月11日　2月15日　3月1日　3月15日
3月21日　5月2日　6月2日　6月20日
7月1日
東京都墨田区千歳1-8-4
電話03-3631-3605

大松屋本家　おおまつやほんけ
1月2日
山形県鶴岡市日吉町11-25
電話0235-22-3618

か行

開運堂　かいうんどう
12月17日
長野県松本市中央2-2-15
電話0263-32-0506

鍵甚良房　かぎじんよしふさ
1月20日　6月29日　11月23日
京都府京都市東山区大和大路通四条下ル4丁目小松町140
電話075-561-4180

鍵善良房　かぎぜんよしふさ
7月11日　7月21日　9月8日　9月12日
京都府京都市東山区祇園町北側264
電話075-561-1818

かぎや政秋　かぎやまさあき
2月23日
京都府京都市左京区吉田泉殿町1
電話075-761-5311

柏屋光貞　かしわやみつさだ
2月3日　7月5日　7月16日
京都府京都市東山区安井毘沙門町33-2
電話075-561-2263

金谷正廣　かなやまさひろ
10月10日
京都府京都市上京区下長者町通黒門東入ル吉野町712
電話075-441-6357

亀末廣　かめすえひろ
7月18日
名古屋(2012年7月廃業)

亀末廣　かめすえひろ
7月26日　7月31日　8月30日　10月24日
11月6日　11月9日　11月30日
京都府京都市中京区姉小路通烏丸東入ル
電話075-221-5110

亀廣永　かめひろなが
7月14日
京都府京都市中京区高倉通蛸薬師上ル和久屋町359
電話075-221-5965

亀廣保　かめひろやす
2月13日　4月29日　5月26日　7月20日
9月10日　10月6日
京都府京都市中京区室町通二条下ル蛸薬師町288
電話075-231-6737

亀広良　かめひろよし
4月20日　12月4日
愛知県名古屋市西区上名古屋1-9-26
電話052-531-3494

亀屋　かめや
9月18日
埼玉県川越市仲町4-3
電話049-222-2052

亀屋伊織　かめやいおり
1月11日　2月9日　3月18日　4月6日
4月24日　5月6日　5月14日　5月23日
6月17日　7月2日　7月9日　8月13日
10月1日　10月2日　10月22日　10月27日
11月11日　11月28日　12月2日　12月6日
12月12日　12月21日
京都府京都市中京区二条通新町東入ル
電話075-231-6473

亀屋則克　かめやのりかつ
4月22日　8月12日
京都府京都市中京区堺町通三条上ル
大阪材木町702
電話075-221-3969

加茂みたらし茶屋　かもみたらしぢゃや
5月4日
京都府京都市左京区下鴨松ノ木町53
電話075-791-1652

川口屋　かわぐちや
4月12日　4月26日
愛知県名古屋市中区錦3-13-12
電話052-971-3389

川端道喜　かわばたどうき
1月12日　3月3日　3月27日　4月17日
4月21日　5月5日　5月10日　6月15日
7月7日　7月19日　8月1日　8月6日
8月20日　9月22日　10月8日　11月10日
11月22日
京都府京都市左京区下鴨南野々神町2-12
電話075-781-8117

甘泉堂　かんせんどう
2月17日　8月28日
京都府京都市東山区祇園町北側344-6
電話075-561-2133

予約注文のみ、また地方発送を行なわない店もあります。事前に御確認ください。

善哉　ぜんざい　11月17日
仙寿　せんじゅ　3月2日
千成　せんなり　10月14日
総花　そうばな　4月30日
杣づと　そまづと　7月26日

た行

大文字　だいもんじ　8月16日
手折桜　たおりざくら　4月9日
高砂饅頭　たかさごまんじゅう　2月21日
瀧　たき　8月2日
瀧煎餅　たきせんべい　7月9日
田毎の月（大沢の月）　たごとのつき　10月7日
龍田川　たつたがわ　11月24日
龍田姫　たつたひめ　11月18日
手綱　たづな　5月6日
珠玉織姫　たまおりひめ　7月6日
玉川　たまがわ　6月9日
玉だれ　たまだれ　7月30日
玉椿　たまつばき　3月11日
手向山　たむけやま　11月21日
竹裡　ちくり　11月6日
稚児桜　ちござくら　4月6日
稚児提灯　ちごちょうちん　7月17日
稚児の袖　ちごのそで　7月24日
茶三昧　ちゃざんまい　4月20日
長生殿生〆　ちょうせいでんなまじめ　1月4日
長命寺桜もち　ちょうめいじさくらもち　4月2日
千代の糸　ちよのいと　1月13日
千代見草　ちよみぐさ　9月21日
千代結び　ちよむすび　1月11日
月代　つきしろ　9月26日
月世界　つきせかい　9月29日
月の雫　つきのしずく　10月19日
月見団子　つきみだんご　10月26日
月旅行　つきりょこう　9月12日
つく俵　つくたわら　10月20日
月読　つくよみ　9月30日
躑躅　つつじ　5月26日
つつじ餅　つつじもち　5月2日
椿餅　つばきもち　4月4日
つまみ　12月21日
つるの子　つるのこ　1月19日
照葉　てりは　12月2日
冬瓜漬　とうがんづけ　8月21日
藤団子　とうだんご　5月9日
唐饅頭　とうまんじゅう　7月23日
遠山餅　とおやまもち　5月30日
ときわ木　ときわぎ　2月23日
常盤上用　ときわじょうよ　1月10日
虎屋饅頭　とらやまんじゅう　12月26日

な行

菜種きんとん　なたねきんとん　3月22日
菜種の里　なたねのさと　3月24日
夏木立　なつこだち　8月4日
夏の霜　なつのしも　7月18日
夏蜜柑丸漬　なつみかんまるづけ　6月16日
撫子　なでしこ　10月9日
波　なみ　7月2日
業平傘　なりひらがさ　5月28日
鳴子　なるこ　10月22日
軟楽甘　なんらくかん　12月29日
錦梅　にしきうめ　2月15日
ぬれつばめ　6月29日
ねじり棒　ねじりぼう　2月9日
軒端の月　のきばのつき　5月31日
乃し梅　のしうめ　2月26日
野辺の菊　のべのきく　9月20日
糊こぼし　のりこぼし　3月12日
野分　のわき　9月1日

は行

梅花五題　ばいかごだい　2月25日
梅花むらさめ　ばいかむらさめ　11月29日
はぎの餅　はぎのもち　9月22日
白雪糕　はくせっこう　5月18日
羽衣　はごろも　3月15日
蓮　はす　8月13日
蓮根羹　はすねかん　8月31日
蓮実砂糖漬　はすみさとうづけ　2月10日
初かつを　はつかつを　5月13日
初雁　はつかり　9月17日
初雁焼　はつかりやき　9月18日
葉月　はづき　8月1日
初霜　はつしも　12月1日
初なすび　はつなすび　1月2日
花筏　はないかだ　4月17日
花簪　はなかんざし　4月15日
花氷　はなごおり　1月17日
花衣　はなごろも　4月13日　4月21日
花七宝　はなしっぽう　1月18日
花の宴　はなのえん　4月12日
花の王　はなのおう　6月6日
花見団子　はなみだんご　4月18日　4月22日
花筵　はなむしろ　4月5日
浜土産　はまづと　8月12日
春一番　はるいちばん　4月26日
春の出で立ち　はるのいでたち　1月16日
春の山　はるのやま　4月10日
引綱　ひきづな　7月12日
菱落雁　ひしらくがん　4月3日
引千切　ひちぎり　3月4日
ひとひら　4月23日
雛籠　ひなかご　3月5日
雛菓子　ひながし　3月7日
日の出前　ひのでまえ　1月27日
氷室　ひむろ　6月22日
姫小袖　ひめこそで　3月31日
百寿幸　ひゃくじゅこう　2月1日
風流団喜　ふうりゅうだんき　9月28日
吹寄せ　ふきよせ　11月11日
福梅　ふくうめ　1月25日
福寿草　ふくじゅそう　1月24日
福宝　ふくだから　2月8日
福徳せんべい　ふくとくせんべい　1月9日
福桝薯蕷　ふくますじょうよ　2月12日
婦くみづ　ふくみづ　7月31日
ふじ　5月10日
藤きんとん　ふじきんとん　5月24日
富士のこけもも　ふじのこけもも　1月30日
麩の焼き　ふのやき　3月27日
鼈甲羹　べっこうかん　8月24日
宝寿糖　ほうじゅとう　8月26日
蓬莱楓形　ほうらいかえでがた　6月13日
星の雫　ほしのしずく　7月4日
螢　ほたる　6月26日
牡丹餅　ぼたんもち　3月17日
時鳥　ほととぎす　5月23日　5月25日
法螺貝餅　ほらがいもち　2月3日
本煉羊羹　ほんねりようかん　3月16日
本饅頭　ほんまんじゅう　5月7日

ま行

舞鶴　まいづる　1月21日
勾玉　まがたま　1月28日
巻絹　まきぎぬ　9月11日
まさり草　まさりぐさ　9月19日
松風　まつかぜ　10月24日　12月15日
松島こうれん　まつしまこうれん　3月14日
松の雪　まつのゆき　1月22日
松葉　まつば　1月14日　1月17日　12月21日
松葉昆布　まつばこぶ　1月23日
祭笠　まつりがさ　7月12日
豆　まめ　10月27日
豆餅　まめもち　9月14日
豆らくがん　まめらくがん　2月27日
丸柚餅子　まるゆべし　2月20日
未開紅　みかいこう　2月14日
水　みず　4月29日
水の面　みずのおも　8月8日
水ぼたん　みずぼたん　6月20日
水ようかん・水羊羹　みずようかん　7月1日　8月28日
みたらし団子　みたらしだんご　5月4日
緑巻　みどりまき　4月25日
水無月　みなづき　6月30日
水面の月　みなものつき　9月5日
都鳥　みやこどり　4月27日　5月8日
深山の躑躅　みやまのつつじ　5月29日
深山の錦　みやまのにしき　11月15日
麦羹　むぎかん　8月7日
麦代餅　むぎてもち　5月21日
武蔵野　むさしの　10月5日　10月23日　10月24日　10月25日
名月　めいげつ　10月4日
孟秋　もうしゅう　9月2日
桃カステラ　ももかすてら　4月1日
桃の花　もものはな　3月8日

や行

八重葎　やえむぐら　11月8日
やき鮎　やきあゆ　10月15日
焼栗　やきぐり　10月31日
やきもち　5月15日
宿り木　やどりぎ　12月2日
八房の梅　やぶさのうめ　2月22日
山里　やまざと　11月9日
山づと　やまづと　11月2日
山みち　やまみち　11月16日
夜半の月　やわのつき　10月11日
ゆきごろも　12月27日
雪まろげ　ゆきまろげ　12月20日
雪餅　ゆきもち　1月26日
雪輪　ゆきわ　12月8日　12月12日
柚子薯蕷　ゆずじょうよ　1月20日
羊羹粽　ようかんちまき　5月5日
蓬羊羹　よもぎようかん　3月21日

ら行

利休古印　りきゅうこいん　3月26日
利休粽　りきゅうちまき　6月15日
利休ふやき　りきゅうふやき　3月29日
利休饅頭　りきゅうまんじゅう　3月28日
流水　りゅうすい　5月14日　8月13日
ルバーブ羹　るばーぶかん　7月29日

わ行

若草　わかくさ　3月10日　3月23日
若竹　わかたけ　2月11日
若菜薯蕷　わかなじょうよ　2月4日
若松煎餅　わかまつせんべい　1月11日
蕨　わらび　4月6日
蕨餅　わらびもち　3月19日
割氷　わりごおり　6月13日
をさの音　をさのおと　2月5日

菓銘索引

あ行

青梅　あおうめ　6月25日
青楓　あおかえで　6月3日　7月9日　8月2日　8月3日
青丹よし　あおによし　3月13日
青瓢　あおひょう　7月22日
上り栗　あがりくり　11月5日
上り羊羹　あがりようかん　5月19日
秋の露　あきのつゆ　9月7日
秋の山　あきのやま　11月25日
あこや　3月3日　3月6日
葦　あし　7月20日
あじさいきんとん　6月12日
紫陽花餅　あじさいもち　6月19日
阿ぶり餅　あぶりもち　5月12日
天の川　あまのがわ　7月7日
甘美羹　あまみかん　8月5日
あやめ　5月14日
鮎　あゆ　6月7日
鮎粽　あゆちまき　8月6日
荒磯　あらいそ　5月23日
嵐山さ久ら餅　あらしやまさくらもち　4月16日
阿わ雪　あわゆき　12月18日
弥涼　いすず　6月24日
磯ちどり　いそちどり　7月28日
磯菜　いそな　6月4日
糸巻　いとまき　7月8日
糸巻御所落雁　いとまきごしょらくがん　9月16日
亥の子餅　いのこもち　11月10日　11月23日
芋　いも　10月6日
芋きんとん　いもきんとん　8月15日
芋の葉　いものは　10月6日
岩　いわ　5月26日
鵜　う　6月10日
浮草　うきくさ　7月3日
鶯　うぐいす　2月13日
鶯餅　うぐいすもち　2月17日
宇治山　うじやま　6月14日
薄氷　うすごおり　12月3日
薄衣　うすごろも　7月19日
うすらひ　12月4日
団扇　うちわ　7月2日
卯の花巻　うのはなまき　5月20日
梅　うめ　2月13日
雲門　うんもん　12月19日
笑顔上用　えがおじょうよ　1月6日
笑くぼ上用　えくぼじょうよ　1月7日
江出の月　えでのつき　9月24日
干支絵馬煎餅　えとえませんべい　1月15日
干支煎餅　えとせんべい　1月5日
大島　おおしま　12月16日
御玄猪餅　おげんちょもち　11月22日
落葉の霜　おちばのしも　11月27日
落とし文　おとしぶみ　5月17日
おぼろ月　おぼろづき　4月24日
女郎花　おみなえし　9月6日
織部薯蕷　おりべじょうよ　11月1日
オレンジゼリー　8月19日
御菱葩　おんひしはなびら（はなびらもち）1月12日

か行

貝千年　かいせんねん　3月9日
貝尽し　かいづくし　3月18日
鏡餅　かがみもち　1月1日
かきつばた　5月16日
柿羊羹　かきようかん　11月7日
柏餅　かしわもち　5月3日
春日乃豆　かすがのまめ　2月16日
カスドース　9月27日
桂乃露　かつらのつゆ　10月29日
鎌餅　かまもち　6月5日
唐衣　からごろも　5月11日
雁金煎餅　かりがねせんべい　10月2日
雁宿おこし　かりやどおこし　9月25日
軽羹　かるかん　12月9日
枯松葉　かれまつば　11月28日
寒菊　かんぎく　2月28日
寒氷　かんごおり　8月23日
観世水　かんぜみず　8月10日
雁来紅　がんらいこう　9月10日
甘露竹　かんろたけ　7月11日
祇園会　ぎおんえ　7月10日
桔梗　ききょう　9月4日
菊　きく　10月1日　10月24日
菊襲　きくがさね　10月16日
菊花餅　きくかもち　10月8日
菊寿糖　きくじゅとう　9月8日
菊ノ葉　きくのは　10月1日
きさらぎ　2月19日
着せ綿　きせわた　9月9日
吉兆あゆ　きっちょうあゆ　7月15日
狐面　きつねめん　2月9日
橘餅　きっぱん　8月22日
絹のしずく　きぬのしずく　8月30日
木の芽田楽　きのめでんがく　5月1日
木守　きまもり　11月14日
木守柿　きまもりがき　12月5日
黄味小判　きみこばん　1月29日
きみごろも　4月28日
きうひ昆布　ぎゅうひこんぶ　1月8日
京あゆ　きょうあゆ　6月8日
行者餅　ぎょうじゃもち　7月16日
京の土　きょうのつち　11月30日
京氷室　きょうひむろ　7月5日
玉兎　ぎょくと（たまうさぎ）　10月27日
玉林院珠光餅　ぎょくりんいんしゅこうもち　1月3日
錦繡　きんしゅう　11月26日
錦台　きんたい　11月28日
銀杏餅　ぎんなんもち　11月19日
鯨羹　くじらかん　8月18日
鯨ようかん　くじらようかん　8月17日
葛　くず　8月29日
葛織部　くずおりべ　6月11日
くずきり　7月21日
葛竹流し　くずたけながし　8月11日
葛ふくさ　くずふくさ　7月25日
葛水無月　くずみなづき　6月27日
葛羊羹　くずようかん　7月13日
轡　くつわ　5月6日
栗鹿の子　くりかのこ　11月4日
栗きんとん　くりきんとん　10月28日　11月3日
栗の子　くりのこ　10月30日
栗餅　くりもち　11月13日
くるみ餅　くるみもち　10月13日
鶏卵素麺　けいらんそうめん　1月31日
けし餅　けしもち　6月21日
月香　げっか　9月23日
月窓餅　げっそうもち　10月12日
更衣　こうい　6月1日
好事福盧　こうずぶくろ　12月13日
河骨　こうほね　6月18日
高麗餅　こうらいもち　7月27日
光琳菊　こうりんぎく　10月17日　10月18日
光琳松　こうりんまつ　12月12日
氷梅　こおりうめ　3月1日
氷砂糖　こおりざとう　6月28日
木枯　こがらし　12月30日
黒糖くるみ　こくとうくるみ　2月7日
越乃雪　こしのゆき　12月7日
御所氷室　ごしょひむろ　6月23日
御前白柿　ごぜんしらがき　12月28日
古代山川　こだいやまかわ　11月20日
胡蝶　こちょう　4月24日
寿せんべい　ことぶきせんべい　1月14日
この花きんとん　このはなきんとん　2月24日
琥珀　こはく　8月9日
五百石ゆべし　ごひゃっこくゆべし　12月14日

さ行

菜花糖　さいかとう　3月30日
早乙女　さおとめ　5月22日
鷺　さぎ　7月20日
桜　さくら　4月19日　4月29日
桜あわせ　さくらあわせ　4月11日
桜麩饅頭　さくらふまんじゅう　4月14日
ささめゆき　2月6日
山茶花　さざんか　12月11日
幸袋　さちぶくろ　12月31日
さなづら　9月15日
さまざま桜　さまざまざくら　4月8日
五月雨　さみだれ　6月2日
澤鹿　さわしか　11月12日
三色ねじり粽　さんしょくねじりちまき　8月20日
三盆糖　さんぼんとう　12月23日
したたり　7月14日
下紅葉　したもみじ　12月6日
七宝宝尽　しっぽうたからづくし　6月17日
しの　8月14日
霜ばしら・しも柱　しもばしら　2月2日　12月10日
霜ふり昆布　しもふりこぶ　1月23日
松露　しょうろ　10月3日
如心納豆　じょしんなっとう　9月13日
新樹もち　しんじゅもち　5月27日
真盛豆　しんせいまめ　10月10日
真味糖大島　しんみとうおおしま　12月17日
真味糖生　しんみとうなま　12月17日
瑞雲　ずいうん　4月7日
水月　すいげつ　9月3日
水仙粽　すいせんちまき　5月5日
雀　すずめ　10月22日
洲浜　すはま　3月20日
ずんだ羹　ずんだかん　8月27日
清香殿　せいこうでん　3月25日
聖夜　せいや　12月24日
石竹　せきちく　8月25日
関の戸　せきのと　12月22日
赤飯　せきはん　12月23日
雪花糖　せっかとう　12月25日
雪中梅　せっちゅうばい　2月18日
仙家の香　せんかのかおり　10月21日

本書は二〇一二年七月一日より二〇一三年六月三〇日まで新潮社とんぼの本ウェブサイトに連載された「一日一菓」に加筆修正、再構成したものです。

主要参考文献

中村汀女『伝統の銘菓句集』女子栄養大学出版部　一九七七年

佐々木三味『茶道歳時記』淡交社　一九八五年

川端道喜『和菓子の京都』岩波書店（岩波新書）　一九九〇年

鈴木宗康・白石かずこ・江後迪子・山口高志『和菓子の楽しみ方』新潮社（とんぼの本）　一九九五年

仲野欣子『和菓子彩彩』淡交社　一九九六年

『料理食材大事典』主婦の友社　一九九六年

渡部忠世・深澤小百合『ものと人間の文化史八九 もち』法政大学出版局　一九九八年

筒井紘一編『茶道学大系 第四巻 懐石と菓子』淡交社　一九九九年

山口富蔵・寺田豊作『京・末富 菓子ごよみ』淡交社　二〇〇一年

千和加子（監修）『お茶のおけいこ五 茶席で話題の銘菓』世界文化社　二〇〇一年

筒井紘一『懐石の研究 わび茶の食礼』淡交社　二〇〇二年

鈴木晋一・松本仲子編訳注『近世菓子製法書集成〈一〉〈二〉』平凡社（東洋文庫）　二〇〇三年

『菓子ひなみ』京都新聞出版センター　二〇〇七年

佐藤紅編『京都和菓子手帖』光村推古書院　二〇〇八年

井上由理子・井上隆雄『和菓子の意匠――京だより』京都新聞出版センター　二〇一〇年

中山圭子『江戸時代の和菓子デザイン』ポプラ社　二〇一一年

山田和市『亀屋伊織の仕事』淡交社　二〇一一年

淡交社編集局編『今月使いたい茶席の和菓子270品』淡交社　二〇一一年

江原絢子・東四柳祥子編『日本の食文化史年表』吉川弘文館　二〇一一年

「和菓子歳時記」『別冊太陽』平凡社　一九八一年

「年中行事と和菓子展」虎屋虎屋文庫編　一九九八年

「茶席の和菓子展」虎屋虎屋文庫編　一九九九年

萬眞智子「川端道喜ものがたり」『家庭画報の京都』　二〇〇七年

「和菓子の歴史展」虎屋虎屋文庫編　二〇一〇年

『和菓子』五、六、一五、一八号 虎屋虎屋文庫編

とらや和菓子用語集　https://www.toraya-group.co.jp/siteinformation/wor_index.html

取材協力

青井義夫
赤木明登
秋山能久
井川信斎
石黒宏一郎
石黒太朗
伊藤俊幸
今出川朋樹
榎園豊治
大久保文之
大塚潔
小河宗謙
小幡正治
加藤静允
川島公之
菊地志枝
ギャラリー艸居
久保田康夫
小西宏
小長谷友幸
小堀亮敬
塩見正
島田一馬
高嶋貴子
田附滋大
田中稔
中西輝之
西村圭功
花田晴生
林美木子
藤田裕一
松室治隆
藺山龍泉堂
水谷泰輔
森雅子
森川潤一
山口富蔵
横井一雄
吉羽與兵衛
（五十音順）

編集協力

猿田詠子

撮影　青木登

装丁　大野リサ

木村宗慎　きむら・そうしん

一九七六年愛媛県生れ。茶人。神戸大学法学部卒業。少年期より裏千家茶道を学び、一九九七年に芳心会を設立。京都、東京で稽古場を主宰しつつ、雑誌の記事やテレビ番組、展覧会等の監修を手がける。二〇〇八年、日本博物館協会顕彰。二〇一一年、JCDデザインアワード金賞。二〇一一年、宇和島大賞。二〇一四年より「青花の会」世話人。著書に『茶の湯デザイン』『千利休の功罪。』（ともに阪急コミュニケーションズ）、『利休入門』（新潮社とんぼの本）など。

一《いち》日《にち》一《いっ》菓《か》

発行　二〇一四年 八 月二〇日
四刷　二〇二三年 四 月二五日
著者　木村宗慎《きむらそうしん》
発行者　佐藤隆信
発行所　株式会社新潮社
住所　一六二-八七一一　東京都新宿区矢来町七一
電話　編集部　〇三-三二六六-五六一一
読者係　〇三-三二六六-五一一一
ウェブサイト　http://www.shinchosha.co.jp
印刷所　大日本印刷株式会社
製本所　大口製本印刷株式会社

ISBN978-4-10-336351-4 C0076